城市 $PM_{2.5}$ 与臭氧污染协同控制实践
——江苏省典型地区驻点跟踪研究案例

赵秋月　夏思佳　胡　岚　等　编著

中国环境出版集团·北京

图书在版编目(CIP)数据

城市PM 2.5与臭氧污染协同控制实践：江苏省典型地区驻点跟踪研究案例/赵秋月等编著. --北京：中国环境出版集团，2024.12. -- ISBN 978-7-5111-5983-0

Ⅰ. X51

中国国家版本馆CIP数据核字第2024BW2469号

责任编辑 王 琳
封面设计 金 山

出版发行 中国环境出版集团
（100062 北京市东城区广渠门内大街16号）
网 址：http://www.cesp.com.cn
电子邮箱：bjgl@cesp.com.cn
联系电话：010-67112765（编辑管理部）
发行热线：010-67125803，010-67113405（传真）

印 刷 北京鑫益晖印刷有限公司
经 销 各地新华书店
版 次 2024年12月第1版
印 次 2024年12月第1次印刷
开 本 787×960 1/16
印 张 13.75
字 数 234千字
定 价 68.00元

编委会

主　编　赵秋月　夏思佳　胡　岚

编　委　施晓雯　殷　茵　刘　倩　卞　程

陈凌霄　张新玲　李慧鹏　张云浩

宿　杰　林曼菲　邵　旻　陈培林

目　录

第一篇　绪　论

第二篇　宿迁篇

第三篇　徐州篇

第四篇　苏 州 篇

第五篇 南通篇

第一篇　绪　论

第1章　研究背景

党的十八大以来，党中央、国务院先后部署实施《大气污染防治行动计划》《打赢蓝天保卫战三年行动计划》，以前所未有的力度，深入打好蓝天保卫战，空气质量改善取得了历史性成就。2013—2022年，我国细颗粒物（$PM_{2.5}$）平均浓度下降了57%，重污染天数减少了93%，我国成为全球空气质量改善速度最快的国家，人民群众蓝天获得感显著提高。在2023年7月的全国生态环境保护大会上，习近平总书记发表重要讲话并强调，今后5年是美丽中国建设的重要时期……以高品质生态环境支撑高质量发展。持续深入打好污染防治攻坚战。要坚持精准治污、科学治污、依法治污。蓝天保卫战是深入打好污染防治攻坚战的主战场之一，我国$PM_{2.5}$污染尚未得到根本性控制，且臭氧（O_3）污染日益凸显，大气污染防治形势依然严峻。随着治气攻坚向纵深推进，空气质量持续改善面临的压力还将进一步加大。

为贯彻落实中共中央、国务院关于大气污染问题的政策文件指示，江苏省出台了一系列大气污染防治政策文件。2013—2022年，在全省地区生产总值连跨7个万亿元台阶的同时，$PM_{2.5}$浓度下降56%。“十四五”时期以来，江苏省连续两年$PM_{2.5}$浓度小于35 μg/m^3，2022年达到32 μg/m^3，但2023年出现反弹，改善成果仍不稳固。与此同时，江苏省臭氧浓度呈波动上升态势，2017—2022年升幅达6.8%。研究表明，江苏省大气污染进入氧化性增强、二次污染突出的新阶段，尤其2023年以来$PM_{2.5}$二次组分硝酸盐与有机颗粒物污染问题突出，制约了江苏省$PM_{2.5}$污染改善。《江苏省国民经济和社会发展第十四个五年规划和二〇三五年远景目标纲要》提出：深化大气污染联动协同防治。强化多污染物协同控制和区域协作防治，推进$PM_{2.5}$和臭氧浓度“双控双减”，基本消除重污染天气。《江苏省深入打好重污染天气消除、臭氧污染防治和柴油货车污染治理攻坚战行动实施方案》明确了“到2025年，全省重度及以上污染天气基本消除；$PM_{2.5}$和臭氧协同控制取得积极成效，臭氧浓度增长趋势得到有效遏制”的目标，新形势下大气污染防治面临更大压力，对防控能力提出了更高的要求。虽然江苏省治气工作取得显著成效，但距离空气质量根本好转的“拐点”还有较大差距，大气污染防治形势依然严峻。

作为经济大省、制造业大省，江苏省能源与产业结构偏重，污染排放强度依然高于全国平均和周边省级行政区。同时，江苏省承担着坚守实体经济、构建现代化产业体系、实现高质量发展的使命担当。制造业是江苏省的“老家底”也是“基本盘”，为江苏省经济发展提供了重要支撑。2023年7月，习近平总书记在江苏考察时强调“加快构建以先进制造业为骨干的现代化产业体系”。制造大省、制造强省的使命决定了江苏省产业结构调整空间相对偏窄。在特定的省情特点下，江苏省必须立足生产制造业大省定位，使污染治理管控水平高于周边、达到一流，才能既削减污染存量又冲抵新增排放，支撑江苏省空气质量改善走在前列。

面对当前大气污染治理现状问题与治理新要求，$PM_{2.5}$与臭氧协同控制已成为我国空气质量持续改善的焦点和深入打好蓝天保卫战的关键，$PM_{2.5}$与臭氧之间具有复杂的关联性，使二者的协同控制具有复杂性与艰巨性，亟须依托科技力量支撑，总结地方在$PM_{2.5}$与臭氧协同控制的成因机制、精准治理、影响评估、预测预报、决策支撑等方面的有益实践经验，这也是习近平总书记强调的健全美丽中国保障体系中的“组合拳”中的重要一拳——“科技拳”。

第2章　国内外研究进展

2.1　关于$PM_{2.5}$与臭氧污染的认识

$PM_{2.5}$与臭氧两者之间相互耦合，二者不仅具有共同的前体物，而且在大气中通过多种途径相互影响。主要体现在以下几个方面：

（1）$PM_{2.5}$与O_3"同根同源"，氮氧化物（NO_x）与挥发性有机物（VOCs）是两者共同的前体物。早在20世纪90年代，Meng等[1]就已提出O_3和颗粒物之间存在复杂的化学耦合，因为两者存在共同前体物——NO_x与VOCs。NO_x通过均相和非均相反应被氧化为硝酸根（NO_3^-），进而参与$PM_{2.5}$的二次生成[2]。VOCs主要通过大气光氧化反应、非均相反应、成核、凝结和气-粒分配等过程生成二次有机气溶胶（SOA）[3]。二氧化氮（NO_2）光解生成三重态氧原子[O（3p）]，参与对流层中O_3的形成，正常情况下O_3没有净形成和损失，VOCs与羟基自由基（·OH）反应生成过氧烷基自由基（RO_2·），RO_2·与一氧化氮（NO）反应使O_3消耗减少，而导致其浓度在大气中积累[4]。O_3与其前体物排放的高度非线性关系以及O_3和$PM_{2.5}$之间的化学耦合使$PM_{2.5}$与O_3协同控制变得十分困难。Dai等[5]利用WRF－CMAQ模式模拟了长三角地区中长期不同政策情景下空气质量的改善情况，若要实现$PM_{2.5}$和O_3协同控制，长三角地区NO_x和VOCs排放应在2017年的基础上分别降低56%以上和40%以上。Ding等[6]利用WRF－CMAQ模式评估优化中国NO_x和VOCs的排放控制策略以达到$PM_{2.5}$与O_3协同治理的目的，研究发现，无论VOCs减排多少，NO_x的减排（64%～81%）对$PM_{2.5}$与O_3达到空气质量标准非常重要，同时强调了在冬季应同时控制NO_x和VOCs排放，而在夏季应加强对NO_x的控制，从而实现$PM_{2.5}$与O_3协同治理。

（2）随着空气质量的改善，$PM_{2.5}$与O_3之间的“跷跷板”现象减弱，正相关性增强。$PM_{2.5}$主要通过吸收或散射太阳辐射影响光解作用、气溶胶辐射反馈、摄取大气活性气体等对O_3浓度产生影响；而O_3是通过影响大气氧化性，促进二次气溶胶的生成，进而影响$PM_{2.5}$浓度。Wang 等[7]基于全国站点观测数据的研究显示，2015—2019 年中国东部地区的$PM_{2.5}$与O_3浓度呈现正相关关系，当$PM_{2.5}$浓度小于 50 μg/m^{3}时，O_3浓度随着$PM_{2.5}$浓度的升高而增加。Xing 等[8]研究发现，气溶胶辐射反馈使得大气条件趋于稳定，从而导致O_3的干沉降减弱并发生较强的化学反应，2013 年夏季气溶胶辐射反馈可导致地表日最大 1 h O_3的平均浓度增加 4 μg/m^3。O_3和NO_2通过夜间反应生成五氧化二氮（N_2O_5），N_2O_5在颗粒物表面水解促进了硝酸盐的生成，这也是京津冀地区夏季夜间硝酸盐浓度上升的主要原因之一[9]。Chan 等[10]基于外场观测分析$PM_{2.5}$的来源，结果显示$PM_{2.5}$的最大来源是二氧化硫（SO_2）和NO_x通过气-粒转化生成的硫酸盐和硝酸盐，占$PM_{2.5}$总量的 44.8%，而与O_3有关的颗粒物光化学反应生成的$PM_{2.5}$占$PM_{2.5}$总量的 22.5%。

（3）$PM_{2.5}$与O_3污染的协同控制其实是对二次污染物的协同控制，而大气氧化性是二次污染形成的核心驱动力[11]。二次污染物通过供给基础物质及加速化学转化促进复合污染的发生。研究表明，氯自由基（Cl·）同·OH 一样可加速 VOCs 氧化，增强RO_2·生成，并通过氢氧自由基（HO_x·）循环，促进O_3与二次气溶胶的生成[12,13]。硝酰氯（$ClNO_2$）作为全球重要的 Cl·来源，每年通过光解产生 8～22 Tg Cl·[14]。Tham 等[15]在华北农村地区的研究显示，污染期间$ClNO_2$可贡献 10%～30%的RO_x并造成O_3浓度上升 13%。此外，亚硝酸（HONO）同样是促进$PM_{2.5}$与O_3复合污染形成的重要物质。HONO 光解生成·OH，是白天·OH 的重要源[16]。HONO 通过影响·OH 的浓度进而影响O_3生成。Zhang 等[17]研究发现，如果在空气质量模型中考虑硝酸盐光解生成 HONO，污染天近地面O_3模拟浓度将增加 16%～50%，模拟结果更接近观测值。克里奇（Criegee）中间体在烯烃臭氧化过程中产生，其参与了多个关键大气化学过程，如·OH、硫酸、高含氧性有机分子、高聚物等的生成，对大气氧化性和新粒子的形成有着重要的影响，在大气复合污染过程中起到关键性的作用。

由于两者的复杂关系，$PM_{2.5}$与O_3的协同控制将是我国下一阶段改善空气质量面临的严峻挑战之一。

2.2 $PM_{2.5}$与臭氧协同控制策略

2.2.1 美国加利福尼亚州南海岸

美国加利福尼亚州（以下简称加州）南海岸包括洛杉矶、奥兰治、东南河滨，是美国大气污染最严重的地区之一。2001—2008年，该地区在地区生产总值增长41.3%的同时，NO_x和VOCs排放量年均降幅分别达到4.8%和3.7%，$PM_{2.5}$浓度降至18 μg/m^3，此后，NO_x和VOCs排放量年均降幅收窄，$PM_{2.5}$浓度基本稳定在15 μg/m^{3}左右。

（1）强化活性污染物减排，实施光化学烟雾管控。

美国对VOCs的治理管控始于1943年的洛杉矶光化学烟雾事件，在管控政策路径转变方面经历了“早期管控—反应性管控—豁免政策—具体反应性政策”四个阶段。在早期管控和反应性管控阶段，美国开始意识到有机物反应性管控的重要性，但缺少针对豁免或替代措施的明确政策或措施。在豁免政策阶段，美国国家环境保护局（EPA）认识到VOCs反应速率的差异性，进一步细化了VOCs的管控策略，发布了《VOCs控制推荐政策》，允许某些VOCs因反应性较低而获得豁免，开启了豁免或替代减排的道路。在具体反应性政策阶段，1990年《清洁空气法修正案》的实施标志着管控路径的转变，从单一VOCs控制转为VOCs和NO_x的协同控制，强调了污染物综合评估的重要性。2005年，EPA颁布了《臭氧州实施计划中控制VOCs的临时性指南》，鼓励各州完善VOCs排放清单，并通过特定措施控制高反应活性VOCs的排放。2016年，EPA进一步扩展了豁免物质的列表，将豁免物质从21种（类）增加至40种（类），以保持反应性定义中的豁免物质与豁免政策同步。

（2）逐步完善标准体系架构，形成全面监管体系。

为落实$PM_{2.5}$与O_3关键前体物减排工作，美国建立了较为完善的控制标准体系，分阶段、分区域实施控制。美国《国家环境空气质量标准》（NAAQS）明确区分了常规污染物和危险空气污染物的双重排放标准框架，确保了不同类型污染物得到适当的管控。该标准基于最大可达控制技术（MACT）和一般可行控制技术（GACT），并以新污染源的最佳示范技术（BTD）为基础，确保了标准的科学性和实施的可行性。涉VOCs行业排放标准的制定以最佳实用技术（BPT）

为依据，对各行业特点进行深入了解和差异化管理，并在标准中进一步细分了储罐、装载操作、设备泄漏、工艺排气、废水挥发等排放环节，且特别关注逸散源的控制，如设备泄漏和工艺排气，显示了对无组织排放的严格管理。该标准不仅包括排放限值，还涵盖了工艺设备和运行维护的要求，形成了一个全面的监管体系。

（3）多措并举，促进移动源与工业源污染控制。

在移动源和固定源污染排放控制方面，美国加州南海岸地区采取了一系列创新措施，以促进空气质量的显著改善。通过严格的法律法规和经济激励措施，如中断未达标区域的联邦交通基金和实施排放抵消政策，倒逼空气质量达标和技术升级。加州空气资源局在1990年推出的《零排放机动车项目法案》，尽管面临技术挑战，但最终推动了电动车技术的快速发展。加州还大力推广清洁汽车，通过补贴、援助和基础设施支持等政策，有效降低了移动源的VOCs和NO_x排放。2018年，加州电动车销售量几乎占美国的50%，而2020年推出的《先进清洁卡车法规》进一步加速了零排放卡车的普及。在固定源治理方面，要求新建项目采用最佳可行控制技术（BACT），现有源采用最佳可行改造技术（BARCT），并推广零排放与近零排放燃烧技术和电气设备，严格控制固定源排放。同时，加州还加大对新技术研发的资金投入，开展国家清洁柴油项目等，以支持清洁技术的发展和应用。

2.2.2 广东省

如图1-2-1所示，2020年广东省$PM_{2.5}$浓度在我国率先降至25 μg/m³以下，此后以28%的NO_x减排量支撑$PM_{2.5}$持续下降3～5 μg/m³。分析其空气质量改善历程发现，2016—2020年NO_x排放量从84.3万t降至60.8万t，年均减排量为5.9万t、减排比例为7.0%，$PM_{2.5}$浓度年均降幅2.5 μg/m³；2020—2022年$PM_{2.5}$稳定在20～22 μg/m³，空气质量优良率达到92.5%～95.5%。

从治气措施来看，广东省在全国率先转向“臭氧和$PM_{2.5}$协同控制”的新目标，加快结构调轻调优，加强区域共治、精准施策。

（1）深入调整产业结构、能源结构和交通运输结构。

2018—2020年，广东省实施了一系列能源结构调整和污染控制措施，包括煤电装机关停、燃煤锅炉数量压减及“散乱污”企业关停整合搬迁。珠三角地区暂停新建炼化、炼钢炼铁、水泥熟料、陶瓷、平板玻璃等项目。到2022年，广东省非化石能源消费比重较2012年上升约12个百分点，单位地区生产总值能耗

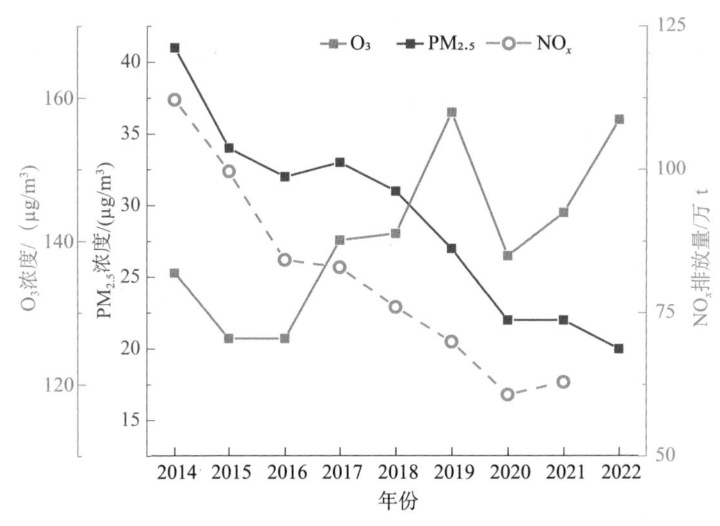

图 1-2-1　2014—2022 年广东省空气质量及污染物排放情况

（空气质量数据来自生态环境状况公报；排放数据来自生态环境统计公报）

下降约 29%，煤炭使用量比江苏省少约 30%。以广州市为例，其经济总量约为南京市的 1.67 倍，但年用煤量仅为南京市的 1/3；与广州市经济总量相当的苏州市年用煤量是广州市的 4 倍以上。佛山市通过“煤改气”等措施，已全面实现建筑陶瓷、玻璃、铝型材等行业的清洁能源替代，进入“零煤时代”，主要能源为电能、天然气等。“十四五”期间，广东省继续淘汰落后煤电机组，加快新旧动能转换，资源能耗强度大幅下降。同时，大力发展海上风电、核电新能源产业，广东省开工建设海上风电项目规模超过 900 万 kW，核电总装机容量占全国的 33%。在交通结构方面，广东省全面淘汰国三及以下柴油车，并鼓励淘汰国四柴油货车，推广电动、氢能等清洁能源运输车辆，公交电动化率达 98%。佛山市出台了《佛山市机动车和非道路移动机械排气污染防治条例》，创设了非现场监管制度。此外，广东省在全国率先实现内河港口岸电全覆盖，大力推行内河船舶液化天然气（LNG）动力改造。铁路运输量和公交电动化率均有显著提升。

（2）对标国际、立足区域、突破区划，建立“大湾区—珠三角—内部城市群”联防联控机制。

2014 年，粤港澳三方签署《粤港澳区域大气污染联防联治合作协议书》，建立广佛肇（广州、佛山、肇庆）、深莞惠（深圳、东莞、惠州）、珠中江（珠海、中山、江门）3 个城市群联防联控工作机制。粤港澳大湾区大气污染防治机制涵盖了粤港、粤澳以及珠三角9市之间的多层次合作。通过签订行政协议和制定区域规划来引导政府间的合作行为，如《泛珠三角区域环境保护合作框架协议》《粤港澳区域大气污染联防联治合作协议书》。建立了区域空气联合监测网络，如粤港澳珠三角空气质量监测网络，实现区域内空气质量的实时监测和信息共享。设立了粤港合作联席会议、粤澳合作联席会议以及小珠三角联席会议机制，定期召开会议，协调解决大气污染防治问题，同时通过成立领导小组和提升联席会议规格，增强了合作的权威性和协调力。

(3) 精准施策，提前布局，强化多污染物协同控制。

出台锅炉、水泥、家具、印刷、表面涂装、制鞋等行业地方排放标准及VOCs废气治理、排放管理分级评估、污染治理实用技术等指南40余份，逐个行业扎实推进治理工作。在移动源和面源方面，提前实施机动车国四、国五、国六排放标准，提前供应国六车用柴油和蒸汽压全年不超过60 kPa的国六车用汽油，建筑面积50 000 m^2以上房屋建筑工程全面安装出入口视频监控等。研究制定广东移动源排气污染防治条例，并加快制（修）订餐饮业、汽车维修业等11个行业大气污染物排放标准，健全法规标准体系。

(4) 科技赋能，在移动源、面源、预报预警等多方面提高环境治理信息化和智能化程度。

广东省通过粤港澳珠三角空气质量监控网络等空气质量监测平台，数字赋能持续助力空气质量改善。广东省构建了“天地车人”一体化监管平台，实现了机动车从生产到报废的全生命周期达标监管，为广东省打赢柴油货车攻坚战提供了有力支撑。针对扬尘面源污染难监管、易反弹的特点，除了组织工地扬尘、工地企业问题排查，还构建了智能视频监控平台，对城市道路和重点工地的扬尘、渣土车和非道路移动机械进行智能识别并报警，形成工作任务单，确保问题及时“清零”。此外，气象部门建立了2015—2021年广州臭氧污染过程案例库，通过对不同强度、不同距离、不同路径下广州臭氧污染特征及气象机理诊断分析，制定臭氧污染气象特征阈值和条件指数，建立基于机器学习算法的臭氧浓度客观预报模型，开发实时运行的预报订正和检验评估平台，为重污染天气提供更精准预报。

2.2.3　浙江省

2017—2020年，浙江省$PM_{2.5}$年均浓度从39 μg/m^3降至25 μg/m^3，年均降幅

达到 4.7 μg/m³。浙江省在推动大气污染防治过程中，践行“超前目标引领+产业绿色转型”治理路径，突出以适度超前的目标不断将治气工作推向新高度。

（1）以“清新空气示范区”目标引领浙江省大气污染标本兼治，实现快速改善。

浙江省 2019 年启动清新空气示范区创建，以清新空气示范区建设为抓手，全面推进产业结构、能源结构、运输结构、用地结构调整优化和秋冬季攻坚、柴油货车治理、工业炉窑整治、VOCs 整治和臭气异味治理五大专项行动。清新空气示范区评价指标在环境空气质量的基础上，增加年度工作任务、体制机制建设、重大大气事件次数、清新空气等级、涉气环境问题被媒体曝光等方面指标，相较于传统的环境空气质量单一考核，得以更加有力地引导地方加强源头治理，提升本地治污水平。截至 2023 年年底，浙江省已有累计超 50 个县级城市获评清新空气示范区，建成率达 72%。$PM_{2.5}$ 年均浓度从 2013 年的 61 μg/m³ 降至 2022 年的 24 μg/m³，下降幅度达到 61%，连续 3 年达到世界卫生组织第二阶段标准（25 μg/m³）；优良天数比例从 68.4%上升到 89.3%，空气质量在全国重点区域和长三角区域率先达标。

（2）坚持践行“绿水青山就是金山银山”理念，实施“腾笼换鸟、凤凰涅槃”，全面推进传统产业转型升级。

为破解结构性难题，浙江省以“四换三名”（加快腾笼换鸟、机器换人、空间换地、电商换市的步伐，大力培育名企、名品、名家）战略推动产业转型升级，产业结构实现快速调整，第二产业比例从 2014 年的 47.7%降至 2022 年的 42.7%，以新产业、新业态、新模式为特征的“三新经济”约占全省地区生产总值的 1/4，产业层次明显提升。通过传统优势制造业集群绿色转型，实现了环境效益、经济效益“双赢”。以铅蓄电池行业为例，浙江省是铅蓄电池生产大省，2011 年以前铅蓄电池企业数量约占全国的 25%，企业 273 家。2011 年，浙江着力开展行业整合，推动手续齐全、具有规模和技术优势的企业提升整治，打造行业标杆。关闭淘汰铅蓄电池企业 224 家，淘汰率逾 80%，周边大气环境质量明显改善，与此同时，行业总产值大幅增长 113.2%。再以印染行业为例，绍兴市是全球最大的印染生产基地，产能占全国的 40%。受市场饱和以及环境压力影响，2010 年全市暂停审批印染新建项目，实施末位淘汰制度，启动实施印染产业集聚提升工程，推动印染企业向滨海工业区、上虞经开区、华都印染产业园等集聚，利用腾退的土地成功创建集成电路、生物医药、先进高分子材料、智能视觉四大省级“万亩千亿”新产业平台，总产值突破 3 000 亿元，园区亩均产值从 7.5 万元提高到 23.5 万元。

(3) 抢抓机遇，将减污降碳协同增效作为促进经济社会发展全面绿色转型的总抓手。

作为生态环境部批复的全国首个减污降碳协同创新区，浙江省积极探索减污降碳协同由理论到实践的解决方案，2022 年在城市、县（市）区、园区等层面组织开展了 2 批共 18 个省级减污降碳协同试点，在企业层面开展了 26 个减污降碳协同标杆项目建设。这一举措将有助于引领浙江省更快进入协同治理、根本改善的良性通道。2006 年，绍兴市柯桥试点实施“亩产论英雄”的科学发展新理念，以提高“亩产效益”为核心，围绕节约集约用地、节能降耗减排等重点，引导企业走科学发展之路；2013 年开始试点推广，实行与“亩产效益”紧密挂钩的城镇土地使用税、排污费等激励和倒逼政策；2018 年，浙江省正式印发《关于深化“亩均论英雄”改革的指导意见》，全省所有工业企业和规模以上服务业企业以及产业集聚区、经济开发区、高新园区、小微企业园区、特色小镇全面实施“亩产效益”综合评价。通过深化以“亩产效益”为导向的资源要素市场化配置，以及资源的节约集约利用，促进产业结构的转型升级、提质增效，推动资源加快向优质企业、优势区域集中。

2.2.4 上海市

上海市 $PM_{2.5}$ 浓度从 2019 年的 35 $\mu g/m^3$ 降至 2022 年的 25 $\mu g/m^3$，年均减排幅度达到 3.3 $\mu g/m^3$。上海市致力于“精细化治理+高效监管”，在 VOCs 治理、扬尘控制、非现场监管等方面形成明显优势，推动空气质量稳步改善。

(1) 治气标准不断加严，精细化治理水平稳步提升。

如图 1-2-2 所示，在 VOCs 治理方面，自 2007 年起，上海市开始 VOCs 治理 1.0 阶段，筛选 150 家重点企业制定“一厂一方案”，落实末端治理工程；自 2020 年起，进入 VOCs 治理 2.0 阶段，以精细化治理为主要特征，重点行业、重点环节全覆盖，建立“一行一表”“一厂一方案”制度，指导企业“照表施治、对标排放”；明确“方案制定+技术评估+跟踪推进”三段式渐进技术路线，确保企业治理措施的科学性、针对性和有效性，夯实治理成效。在扬尘污染控制方面，上海市高标准推进城市保洁，做到“细控每颗尘”。上海市以高标准保洁区域（道路）建设为抓手，推进“一江一河”、红色区域、重要旅游景区、重要商圈等重点场所机扫率及冲洗率达到 100%。在《上海市清洁空气行动计划（2023—2025 年）》中提出 2025 年年底前，全市道路机械化清扫率达到 100%，道路冲洗率达到 95%。此外，在工地扬尘污染控制方面，将扬尘在线监测设施的安装及在线监测数据的超标处罚条款要求写入《上海市大气污染防治条例》《上海市环境保护条例》，依法制定了扬尘在线监测数据执法应用规定，细化了执法流程和判罚依据，使扬尘在线监测数据成为强有力的执法依据，倒逼在建工程、混凝土搅拌站、码头堆场等单位严格落实扬尘污染防治措施。

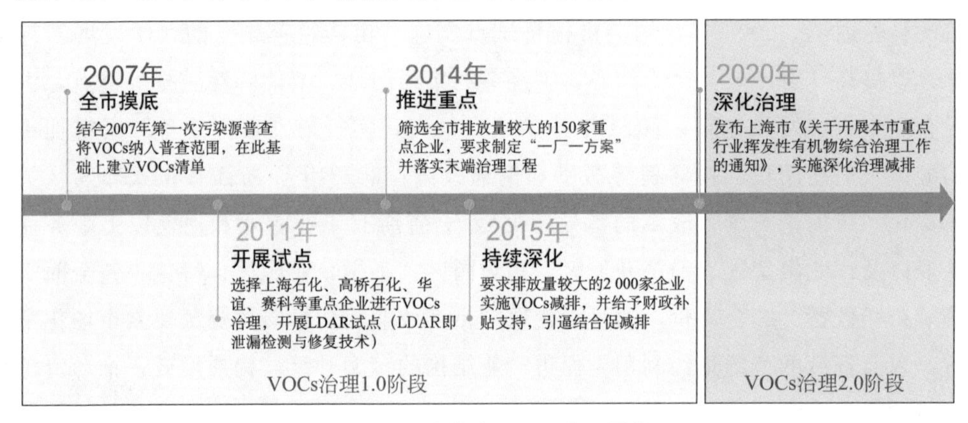

图 1-2-2　上海市 VOCs 治理历程

（2）强化非现场监管，扎实做好数据联网与质控，不断提升现代化监管效能。

上海市先后出台了《上海市污染源自动监控设施运行监管和自动监测数据执法应用的规定》《上海市固定污染源自动监控系统建设、联网、运维和管理有关规定》等文件，明确企业初审、环境监测部门复审的数据审核流程，保障了非甲烷总烃在线监测数据质量；同时明确异常数据审核、交办、立案及现场检查的流程、时间节点与相关责任部门，实现“发现问题—交办—立案—现场检查”的闭环管理，有力保障了企业在线监测数据的真实性、准确性，以及非现场监管的可靠性。上海市标准与技术规范制定情况见表 1-2-1。

表 1-2-1　上海市标准与技术规范制定情况

类别	名称	发布日期
标准	半导体行业污染物排放标准（DB 31/374—2024）	2024 年 2 月

续表

类别	名称	发布日期
标准	铅蓄电池行业大气污染物排放标准（DB 31/603—2012）	2012年7月
	生活垃圾焚烧大气污染物排放标准（DB 31/768—2013）	2013年12月
	危险废物焚烧大气污染物排放标准（DB 31/767—2013）	2013年12月
	餐饮业油烟排放标准（DB 31/844—2014）	2014年11月
	汽车制造业（涂装）大气污染物排放标准（DB 31/859—2014）	2015年1月
	印刷工业大气污染物排放标准（DB 31/872—2024）	2024年8月
	涂料、油墨及其类似产品制造工业大气污染物排放标准（DB 31/881—2015）	2015年3月
	船舶工业大气污染物排放标准（DB 31/934—2015）	2015年11月
	城镇污水处理厂大气污染物排放标准（DB 31/982—2016）	2016年3月
	建筑施工颗粒物控制标准（DB 31/964—2016）	2016年1月
	家具制造业大气污染物排放标准（DB 31/1059—2017）	2017年6月
	畜禽养殖业污染物排放标准（DB 31/1098—2018）	2018年9月
	制药工业大气污染物排放标准（DB 31/310005—2021）	2021年5月
	汽车维修行业大气污染物排放标准（DB 31/1288—2021）	2021年4月
	大气污染物综合排放标准（DB 31/933—2015）	2015年11月
	锅炉大气污染物排放标准（DB 31/387—2018）	2018年6月
	工业炉窑大气污染物排放标准（DB 31/860—2014）	2015年1月
	燃煤电厂大气污染物排放标准（DB 31/963—2016）	2016年1月
	恶臭（异味）污染物排放标准（DB 31/1025—2016）	2017年1月
	燃煤耦合污泥电厂大气污染物排放标准（DB 31/1291—2021）	2021年4月
治理	设备泄漏挥发性有机物排放控制技术规范	2018年9月
	化工装置开停工和检维修挥发性有机物排放控制技术规程（试行）	2014年8月
	上海市印刷业挥发性有机物控制技术指南	2016年9月
	上海市涂料、油墨及其类似产品制造工业挥发性有机物控制技术指南	2016年9月
	上海市船舶工业涂装过程挥发性有机物控制技术指南	2016年9月
排放量计算	上海市石化等5个行业挥发性有机物排放量计算方法（试行）	2016年2月
	上海市工业企业挥发性有机物排放量通用计算方法（试行）	2017年2月
	上海市石化行业挥发性有机物排放量计算方法（2017年修订）	2017年2月

续表

类别	名称	发布日期
排放量计算	上海市涂料油墨制造业挥发性有机物排放量计算方法（2017 年修订）	2017 年 2 月
监测	上海市固定污染源非甲烷总烃在线监测系统安装及联网技术要求（试行）	2015 年 12 月
	上海市固定污染源非甲烷总烃在线监测系统验收及运行技术要求（试行）	2016 年 12 月
监管与监控	无组织排放废气（粉尘）环境行政执法操作规程	2015 年 9 月
	上海市固定污染源自动监控系统建设、联网、运维和管理有关规定	2022 年 7 月
	上海市污染源自动监控设施运行监管和自动监测数据执法应用的规定	2019 年 10 月

柴油货车污染防治是当前挖掘 NO_x 减排潜力的重点领域，也是大气污染管控的突出难点问题。上海市建设了柴油车远程在线监控系统，联网车辆已经超过 10 万台，基于 NO_x 排放、尿素液位故障指示（MIL）灯、后处理装置等排放相关参数实时监控与智能化分析，实现对异常排放车辆、非社会加油点、重点用车大户、车辆集中地筛查、减排效果评估等多场景应用，发现、解决问题能力大幅提升，在中国国际进口博览会空气质量保障、重污染天气应对等方面发挥了重要作用。

第 3 章 江苏省 $PM_{2.5}$ 与臭氧协同控制面临的挑战

3.1 江苏省空气质量现状与压力

在省委、省政府的坚强领导下，江苏省深入打好蓝天保卫战，空气质量持续稳定改善。2013—2022 年，在全省地区生产总值连跨 7 万亿元台阶的同时，$PM_{2.5}$浓度下降 56%，优良天数比例提升 18.7 个百分点，雾霾天越来越少、“水晶天”越来越多。2021 年，全省 $PM_{2.5}$浓度为 33 μg/m^3，首次以省为单位达到《环境空气质量标准》（GB 3095—2012）二级标准（35 μg/m^3），2022 年降至 32 μg/m^3，为有监测记录以来最好水平。

近年来，京津冀及周边地区、长三角地区、汾渭平原以及珠三角地区等臭氧浓度均呈上升态势。自 2019 年起，臭氧超过 $PM_{2.5}$成为影响江苏优良天数比例的首要污染物，并呈现明显的高发、早发、频发特点。夏秋季节是臭氧污染高发期，污染呈现发生时间更早、结束更晚的趋势。臭氧污染多地连片趋势明显，尤其是沿江区域经常为全省高值。臭氧作为首要污染物的污染天数占比持续增加，从 2016 年的 29%大幅上升至 2022 年的 70%。江苏省开展臭氧控制时间还较短，且处于较高增速的经济社会发展阶段，治理任务更加艰巨。

3.2 面临的挑战

3.2.1 江苏省臭氧和 $PM_{2.5}$的生成机理

长三角核心城市群大气污染排放强度位居全国前列，江苏省单位面积排放强度高于长三角其他省级行政区，NO_x 单位面积排放强度分别是浙江省和安徽省的 2.1 倍、2.3 倍，VOCs 单位面积排放强度分别是浙江省和安徽省的 1.2 倍、2.5 倍。北部平原地区人为源排放强度高，南部丘陵山地自然源排放强度高，在东亚季风影响下，夏季副热带高压带来的晴、热、湿的特殊气象条件及冬季冷空气活动带来的大范围污染积累和输送，造成区域较强的大气氧化性和二次组分的化学生成。强光化学作用下导致高浓度臭氧和硝酸盐能够同时生成，同时自然源的 VOCs 排放叠加本地高浓度 NO_x 排放导致臭氧污染进一步加剧。海陆差异导致边界层中上层污染传输能够深入全省范围，沿江城市群排放的污染物在边界层不同高度传输，增强了对区域空气质量的影响。在更高的对流层中上层，平流层入侵和夏季深对流活动导致地面臭氧浓度升高。图 1-3-1 为江苏省臭氧和 $PM_{2.5}$ 生成机理概念模型。

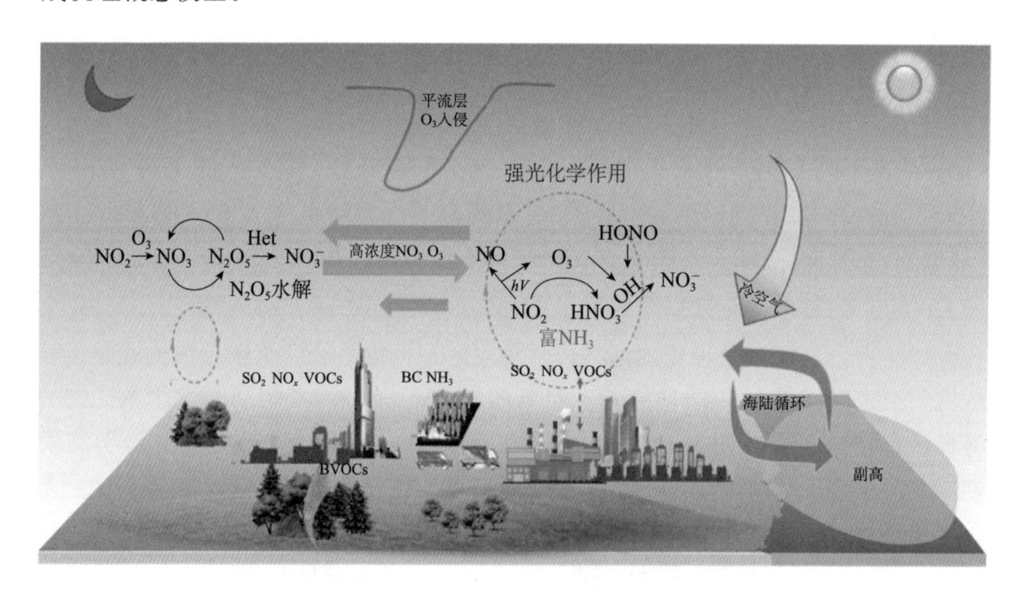

图 1-3-1　江苏省臭氧和 $PM_{2.5}$ 生成机理概念模型

（数据来源：江苏省 $PM_{2.5}$ 与臭氧污染协同控制重大专项）

3.2.2　二次污染问题突出，治气工作进入深水区

江苏省大气污染进入氧化性增强、二次污染突出的新阶段。2020 年，江苏省大气氧化性（按 O_3 浓度与 NO_2 浓度之和计）显著高于其他重点区域，较河北省、浙江省、安徽省、山东省和广东省分别高 33.5%、46.1%、37.5%、25.8%和 68.3%。2016—2020 年春夏季，$PM_{2.5}$ 与臭氧相关性逐年增强，冬季也

出现$PM_{2.5}$与臭氧同高的现象。$PM_{2.5}$污染由烟尘、扬尘等一次组分和污染物反应生成的二次组分构成，二次组分主要包括硝酸盐、硫酸盐、有机物、铵盐等。2017年以来，江苏$PM_{2.5}$中一次组分浓度和占比大幅下降，与此同时二次组分占比呈逐年上升趋势，已达2/3以上。南京超级站监测结果如图1-3-2所示，2017—2020年$PM_{2.5}$浓度大幅降低，其中硝酸盐、硫酸盐等二次组分均降低，但二次组分占比从62%上升到82%。南通、常州、徐州等城市超级站数据也显示相同的变化趋势。

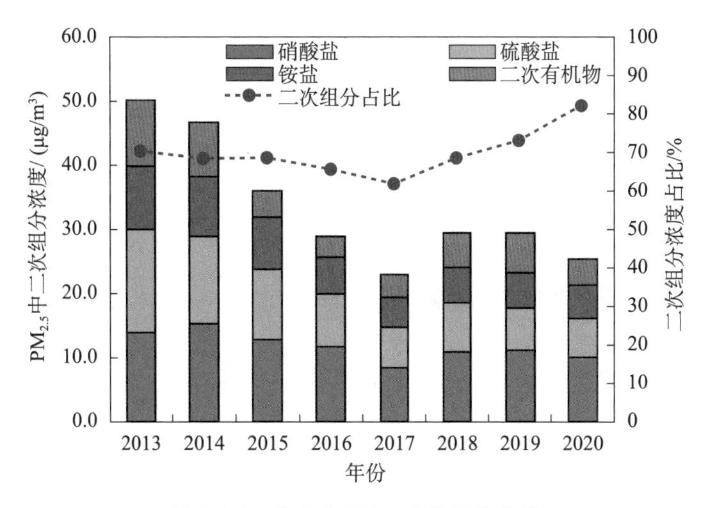

图1-3-2　南京市$PM_{2.5}$化学组分变化

2023年年末至2024年年初，江苏省经历一轮大范围“跨年霾”污染过程，为2018年以来同期污染持续时间最长、污染程度最重的一次过程，累计出现18个重度污染超标天、32个中度污染超标天。如图1-3-3所示，本轮污染过程全省二次组分是污染的主导和驱动因素。二次组分中硝酸盐升幅明显，污染期间占比达37.2%，较清洁时段上升9.2个百分点，是污染期间$PM_{2.5}$中占比最大和占比增加最高的组分。硫氧化速率（SOR）和氮氧化速率（NOR）反映了SO_2和NO_x的氧化程度，可对二次无机组分（SNA）的二次转化过程进行定量表示，较高的SOR、NOR表示大气中存在明显的二次转化过程。本轮污染过程SOR与NOR分别较清洁时段上升0.25、0.21，表明本次污染过程二次组分作用突出。

二次污染来源贡献、生成机制、传输特征等复杂，影响范围更广、区域性更强，削减难度也更大。目前，大气污染已向“二次生成”主导型转变，治气工作已进入深水区、攻坚区。尤其2023年以来$PM_{2.5}$二次组分中硝酸盐与有机颗粒物污染问题突出，已成为制约江苏省环境空气质量水平的关键问题。

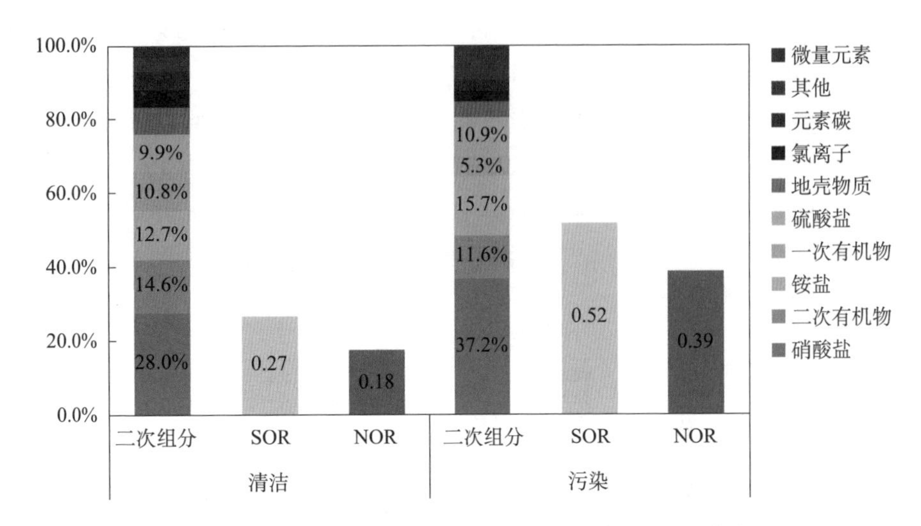

图 1-3-3　污染过程期间江苏省污染城市颗粒物平均组分统计结果

3.2.3　主要污染物减排难度加大

“十三五”期间，江苏省实施重点行业超低排放改造、锅炉综合整治和万项VOCs减排工程等，SO_2、NO_x、VOCs 和 $PM_{2.5}$ 排放量分别下降 56%、38%、9%和 30%，支撑 $PM_{2.5}$ 浓度从 2016 年的 58 μg/m³ 降至 2020 年的 38 μg/m³。“十四五”时期以来，江苏省连续两年 $PM_{2.5}$ 浓度小于 35 μg/m³，2022 年达到 32 μg/m³，但距离 25 μg/m³ 这一根本改善目标仍有差距。

相关研究与国内外典型地区经验表明，现阶段是江苏省从持续改善过渡到根本改善的窗口期、关键期。虽然江苏与浙江、上海在产业结构布局、自然资源禀赋、污染传输特点等方面有差异，但江苏与浙江、上海在治理与监管水平方面的差距不可忽视。江苏省必须通过优化攻坚路径、改进工作方法，才能爬坡过坎、更快进入稳定改善通道。实现空气质量改善，减排是硬道理，国内外典型地区均是以扎实的污染减排支撑空气质量持续改善。根据减排潜力测算和空气质量模拟结果，要实现未来 5 年 $PM_{2.5}$ 浓度每年下降 1 μg/m³ 的改善目标，江苏省 NO_x 和VOCs需在 2022 年的基础上每年减排 4%～5%。到 2029 年，若 NO_x 和 VOCs 分别约减排 28%和 27%，则 $PM_{2.5}$ 可达到 25 μg/m³（受气象条件的不确定性影响，仍有 10%左右的波动）。基于结构偏重的特点难以快速根本转变，江苏省污染治理和监管水平需超过广东、浙江、上海等地，争创国内、国际一流水平。

江苏省地区间经济发展水平、产业结构与环境治理水平具有较大差异，

$PM_{2.5}$ 与臭氧生成关键前体物——NO_x 与 VOCs 排放特征也各不相同，需要根据城市自身产业结构、污染特征、问题短板等，识别 $PM_{2.5}$ 与臭氧污染特征与成因，挖掘减排潜力，因地制宜推进重点工作，开展区域协同治理，突出精准治污、科学治污、依法治污，完善大气环境管理体系，提升污染防治能力。

3.3 “一市一策”驻点跟踪研究机制

为提升各地 $PM_{2.5}$ 与臭氧污染协同防控的科学性、精准性和有效性，生态环境部组织实施 $PM_{2.5}$ 与臭氧污染协同防控“一市一策”驻点跟踪研究，派驻 52 个专家团队深入京津冀及周边地区、汾渭平原、苏皖鲁豫交界等区域 54 个城市一线进行驻点跟踪研究和技术帮扶指导。针对当前大气环境科学研究与实践脱节、成果不落地、成果转化慢等问题，形成从研究到实践的闭环，聚焦治污水平提升，有力支撑了地方大气污染防治的科学决策和精准施策。

在国家大气污染防治攻关联合中心的统一领导下，江苏省在全国首创“1+13”省（市）联动科技支撑机制，江苏省区域大气污染防治联合研究中心与 13 个设区（市）专家支撑团队组成的“1+13”大气污染治理支撑工作机制实现了多团队融合、多学科交叉的新型科技攻关。“1+13”支撑团队在污染预警会商、污染过程成因分析、大气污染防治绩效评估、重点地区帮扶等方面开展了一系列工作，切实解决了地方“有想法、没办法”的难题。依托科技团队深入开展典型城市“一市一策”驻点研究，优化城市治气科技支撑技术路线。在有效提升地方治气水平的同时，建立了一套涵盖“特征分析—成因分析—重点行业治理—分季节精准管控—应急管控”的“一市一策”技术路线，摸索出一条“点上帮扶—驻点跟踪—全省推广”的工作路径，推动城市间大气协同联治，深入开展典型城市“一市一策”驻点研究，优化城市治气科技支撑技术路线。

第二篇　宿 迁 篇

第1章 引 言

宿迁市经济发展迅速，地方经济发展与空气质量改善、统筹高水平保护和高质量发展的需求强烈，当前工业围城、环境监管薄弱的困局亟须破解。宿迁市牢抓生态环境部“一市一策”科技支撑机遇，确定了“强源头治理、盯大户减排、促集群提升”的治理策略，持续深化 NO_x 与 VOCs 等多污染物协同控制，积极探索多污染物协同减排路径。建立“三位一体”溯源监管体系，将大数据赋能环境监管，依托科学有效的污染研判和精准快速的环境感知技术，实现精准、有效的监管与靶向治污，不断提升科技治气能力和精细化管理水平，多措并举促减排，治污发展谋“双赢”。

第 2 章　城市特点与污染特征

2.1　城市概况

宿迁市为江苏省辖市，位于长三角北翼、江苏省北部，南与淮安毗连，东与连云港接壤，北与徐州相连，西与安徽交界，处于徐、淮、连中心地带及京津冀大气污染传输通道的东南方位，是苏皖鲁豫交界区城市之一。

2.2　社会经济与能源特征

近年来，宿迁市经济持续增长，人均地区生产总值和城镇化率不断提高，2018 年起实现了产业结构“三、二、一”的转变，2021 年三次产业结构为 9.5∶43.4∶47.1。与江苏省内城市相比，宿迁市经济水平仍较为落后，2021 年地区生产总值、人均地区生产总值排名均为江苏省倒数第 1，城镇化率排名为全省倒数第 2。三次产业比例仍较低，农林渔等第一产业较为发达，秸秆焚烧问题、农用机械排放和氨（NH_3）排放问题较为突出。

虽然宿迁市产业结构持续优化，规模以上工业企业中，大中型企业占 8.5%，但全市仍以小微企业为主。“工业围城”现象仍然突出，主城区工业企业集聚，重点排污单位数量占比超过 40%，各项大气污染物排放量占全市的 44%～65%，单位面积排放强度是全市平均水平的 3.7～5.2 倍。4 个重要工业园区都位于宿迁市主城区内，且均处于 $PM_{2.5}$ 主导风向（东北向）与臭氧主导风向（东南—南）的上风向，对主城区空气质量影响较为显著。

煤炭是宿迁市的能源消耗主体。2021 年，宿迁市原煤消费量约为 491.6 万 t，占主要能源品种消费量的 47.5%，其中，电煤占 91%。与江苏省内其他城市相比，宿迁市煤炭消耗量最低，仅占江苏省原煤消费量的 1.9%。

宿迁市货物运输主要依靠公路，公路货运量比重为江苏省第 2。2021 年宿迁市公路货运量、公路货物周转量分别增长 3.8%、1.3%；铁路货运量下降 8.7%；水路货运量、水路货物周转量分别下降 32.6%、31.1%；港口货物运输吞吐量下降 9.3%。随着公路货运量与货物周转量的增长，宿迁市交通运输压力持续增加。

2.3 空气质量特征

2.3.1 空气质量改善幅度趋缓

如图 2-2-1 所示，2015—2020 年，宿迁市 $PM_{2.5}$、可吸入颗粒物（PM_{10}）、NO_2、SO_2、一氧化碳（CO）浓度年均变化幅度分别为－5%、－7%、－6%、－14%、－13%。2018—2020 年，颗粒物降幅收窄，粗颗粒物污染问题突出。O_3 浓度总体呈波动式上升趋势，年均变幅为 2%，上升幅度为全省最高。2020 年，宿迁市颗粒物与臭氧浓度均处于江苏省高位，在 52 个“一市一策”城市中空气质量处于中等偏好水平。宿迁市优良天数比例（73.2%）上升 6.4 个百分点。如图 2-2-2 所示，O_3 作为首要污染物的污染天数占总污染天数的比例从 2015 年的 23%增至 2020 年的 46%，$PM_{2.5}$ 为首要污染物的污染天数占比显著下降，由 2015 年的 69%降至 2020 年的 53%，2019 年臭氧超过 $PM_{2.5}$ 成为影响优良天数比例的首要污染物。

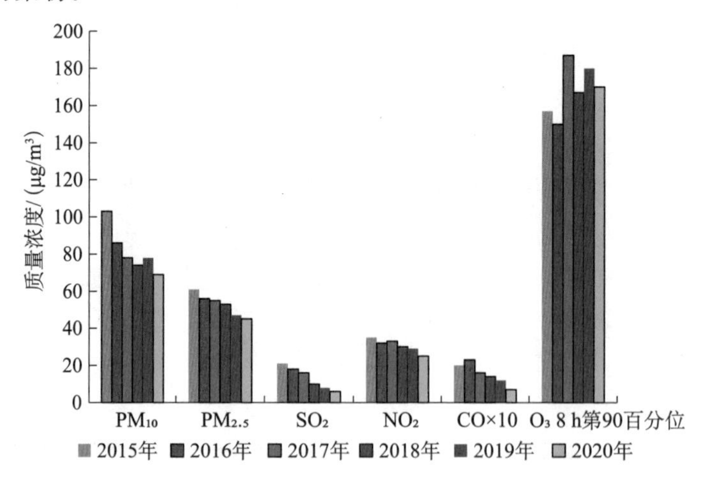

图 2-2-1　2015—2020 年宿迁市大气污染物浓度年均变化

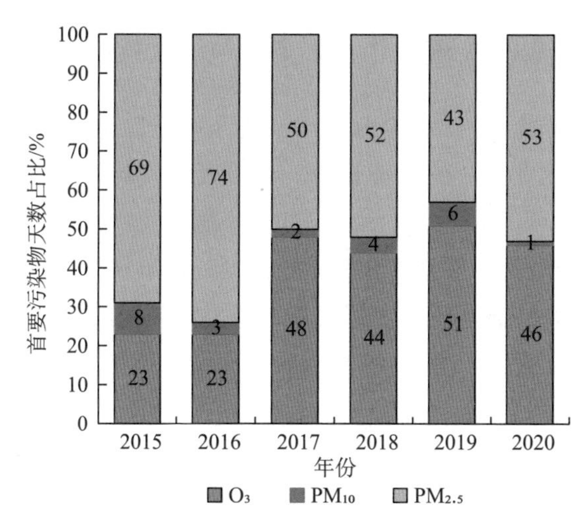

图 2-2-2　2015—2020 年污染天中各首要污染物天数比例

2.3.2　臭氧污染呈现超标天频发、污染天早发、持续时间延长的特征

宿迁市臭氧超标日集中在 4—9 月，占总超标天数的 90％以上。其中 6 月臭氧超标天数最多，占总超标天数的 20.8％～53.3％。7 月和 8 月的超标天数基本相当，9 月受气温、降水等气象条件影响，超标天数有可能高于 7—8 月。东南风向下臭氧高污染时次占比显著高于其风频比例，一是由于东南风上风向 VOCs 等前体物排放强度较高，二是由于东南风下风向区域传输影响较为突出。

2017—2022 年，宿迁市臭氧超标天数较 2016 年增加 6～45 d，臭氧超标天数显著增多。2022 年臭氧污染首次发生日期为 3 月 9 日，较 2016 年提前 79 d；结束日期为 10 月 22 日，较 2016 年延后 29 d，当前臭氧污染呈现发生时间更早、结束更晚的趋势。

2.3.3　颗粒物污染期间主导风向为偏东风，粗颗粒物污染较为严重

宿迁市 $PM_{2.5}$超标日集中在秋冬季，占总超标天数的 95％以上。其中 1 月 $PM_{2.5}$超标天数最多，占总超标天数的 36.5％～54.5％。秋冬季 $PM_{2.5}$超标时段主导风向为东风，尤其是重度污染期间，65％时段为偏东风。

宿迁市降尘量近些年一直处于高位，2020—2022 年宿迁市降尘量比江苏省平均降尘量高出 29％～36％。2021—2022 年秋冬季，宿迁市降尘量均高于全年平均降尘量，且比全省平均降尘量高出 38％～53％。

2.3.4 二次无机盐的快速转化是加剧$PM_{2.5}$污染程度的主要原因

2016年以来，$PM_{2.5}$中二次组分占比呈逐年上升趋势，二次组分已达2/3以上。硝酸盐是宿迁市$PM_{2.5}$的主要成分，占比为30.3%；其次为硫酸盐、有机物、氨盐，分别占20.4%、20.1%、15.9%。随着空气质量等级从“优”上升至“重度污染”，硝酸盐、铵盐占比分别上升17个百分点、4个百分点。有机物质量浓度基本呈上升趋势，所占比例明显下降。污染期间气象条件多以静稳、小风高湿度等气象条件为主，NO_x与NH_3的二次转化作用更为明显。

第 3 章　大气污染成因分析与问题诊断

3.1　高浓度 NO_2 为 $PM_{2.5}$ 与臭氧本地生成提供充足“原料”

秋冬季 $PM_{2.5}$ 超标日，夜间 NO_2 持续高值，促进 $PM_{2.5}$ 硝酸盐生成。秋冬季宿迁市 $PM_{2.5}$ 浓度高值时段主要分布在夜间，$PM_{2.5}$ 浓度比白天（8—18 时）高 3.0 μg/m³，尤其是 2—5 时 $PM_{2.5}$ 浓度较其余时间段明显抬升。宿迁市夜间常出现 NO_2 高值的现象，峰值浓度超周边徐州、淮安等城市。夜间 $PM_{2.5}$ 浓度在 NO_2 抬升后出现二次抬升现象表明，NO_2 浓度居高不下是导致 $PM_{2.5}$ 夜间高值的关键因素。

夏季臭氧超标日 0—6 时 NO_2 浓度相较于非臭氧超标日平均高出 65%，为白天臭氧本地生成提供充足“原料”。2022 年 6 月每日 0—6 时 NO_2 平均浓度统计结果显示，臭氧超标日当天凌晨 NO_2 浓度普遍较高。相较于非臭氧超标日，臭氧超标日 0—6 时 NO_2 浓度平均高出 65%。凌晨高浓度 NO_2 为白天臭氧本地生成提供充足“原料”，日出后在强辐射条件下 NO_2 发生光解促进本地臭氧大量生成。

3.2　超标日 VOCs 对本地臭氧生成贡献突出

根据 4—9 月整体 O_3 内外来源解析结果，宿迁市 4—9 月 O_3 本地贡献约 28%，外部输送占 72%。外地输送部分 NO_x 生成的 O_3（NO_x-O_3）浓度占比较 VOCs 生成的 O_3（VOCs - O_3）浓度占比高出 6.4%，而宿迁市本地 VOCs - O_3 则比 NO_x-O_3 略高（0.8%）。这表明宿迁市臭氧污染主要以外界输送为主；由于 VOCs 反应活性较强，其输送能力远不如 NO_x，所以外界输送贡献部分 NO_x 的贡献较大。从宿迁市各区（县）以及周边地区对宿迁市 O_3 的平均贡献比例来看，偏东方向对宿迁市输送的 O_3 占比较大，为 27.2%。其次为西方向、北方向，占比分别为 17%、10.3%。

图 2-3-1 展示了宿迁市 2021 年 10 月—2022 年 2 月（秋冬季）和 2022 年 4—6 月（春夏季）O_3 与 VOCs 和 NO_x 之间的 EKMA 曲线。随着 VOCs 浓度增加，秋冬季 O_3 浓度升高，而 NO_x 浓度增加对 O_3 浓度影响较小。因此，秋冬季宿迁市 O_3 生成受 VOCs 控制，即处于 VOCs 控制区。为有效降低 O_3 产量，秋冬季可以实施以 VOCs 排放控制为主的治理措施。而春夏季 EKMA 曲线显示，VOCs 和 NO_x 的浓度增加均引起 O_3 浓度升高，考虑其 O_3 生成处于 VOCs 控制区与 NO_x 控制区之间，即过渡区。而在夏季臭氧超标日，宿迁市处于臭氧生成的强 VOCs 控制区，即削减 VOCs 排放可以有效降低宿迁市夏季 O_3 浓度。

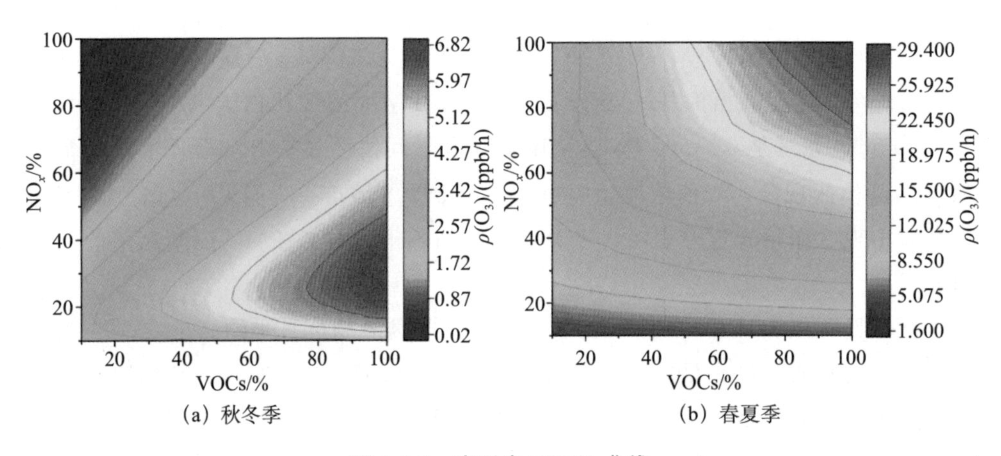

(a) 秋冬季　　(b) 春夏季

图 2-3-1　宿迁市 EKMA 曲线

3.3　高浓度活性物种导致白天臭氧浓度快速升高

采用移动监测车对宿迁市主城区 VOCs 及活性物种浓度进行在线监测。以每日 6 时 VOCs 浓度表征当日初始浓度，6 月 1—23 日每日 VOCs 初始浓度如图 2-3-2 所示。臭氧超标日 VOCs 浓度略高于非超标日浓度，但臭氧超标日 VOCs 活性物种浓度（烯烃、芳香烃）及占比均显著高于非超标日，VOCs 活性物种浓度是非超标日的 1.78 倍，VOCs 活性物种浓度占比较非超标日高出 9.3%。

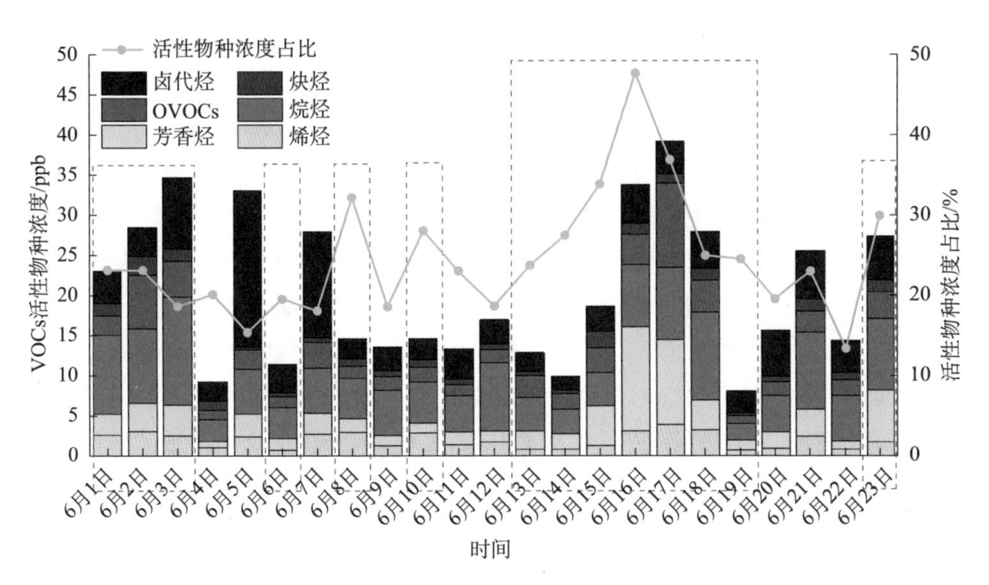

图 2-3-2 6月1—23日每日6时宿迁市VOCs浓度（红框内代表臭氧超标日）

基于MIR算法计算出不同VOCs物种的臭氧生成潜势（OFP）。分物种来看，芳香烃的OFP最高，占全部VOCs的60%以上，其次为烯烃、烷烃、含氧挥发性有机物（OVOCs）。臭氧超标日VOCs的OFP值是非臭氧超标日的1.75倍，其中臭氧超标日VOCs活性组分的OFP值是非臭氧超标日的1.89倍。上述结果表明VOCs活性物种含量的升高是引起宿迁市臭氧本地生成的关键因素。

3.4 富氨环境促进$PM_{2.5}$二次组分的生成

卫星遥感与地面观测数据均显示华北平原是我国NH_3浓度最高的区域[18]。地面监测数据显示，江苏省苏北地区环境空气中NH_3年均浓度可达到10 μg/m^{3}及以上，显著高于广东、上海等重点地区[19-21]，是全国的NH_3浓度高值区。

在前体物二次转化过程中，阴离子［硫酸根（SO_4^{2-}）、硝酸根（NO_3^-）］必须与阳离子［铵根（NH_4^+）］结合才能以颗粒态稳定存在，生成以硫酸铵［$(NH_4)_2SO_4$］、硫酸氢铵（NH_4HSO_4）和硝酸铵（NH_4NO_3）为主体的SNA，NH_3是$PM_{2.5}$中SNA形成的关键因子[21]。研究表明，在SO_4^{2-}和NO_3^-共存的体系中，NH_4^+会首先趋向于中和SO_4^{2-}，多余的NH_4^+再中和NO_3^-，江苏省13市

NH_4^+ 与 SO_4^{2-} 的摩尔浓度比均大于 2，$PM_{2.5}$ 中硝酸盐主要以 NH_4NO_3 形式存在，过量的 NH_4^+ 与 $PM_{2.5}$ 中质量浓度占比最高的硝酸盐生成有密切关系。

2019—2021 年江苏省 13 市 $PM_{2.5}$ 化学组分监测结果显示，徐州、连云港和宿迁 3 市 NO_2 浓度低于苏南城市，而其 SNA 浓度在 $PM_{2.5}$ 浓度中的占比分别为 50.4%、52.2%和 51.1%，均居全省前 3 位。近 3 年，南京市 SO_2 浓度、NO_2 浓度分别是宿迁市的 1.1 倍、1.4 倍，而宿迁市 NH_3 浓度约是南京市的 2.2 倍，$PM_{2.5}$ 中 SO_4^{2-} 浓度、NO_3^- 浓度和 NH_4^+ 浓度分别是南京市的 1.4 倍、1.6 倍和 1.6 倍。如图 2-3-3 所示，苏北 4 市虽然 NO_2 浓度、有机气溶胶浓度低于苏南地区，但 $PM_{2.5}$ 中 SO_2 浓度、硫酸盐浓度、硝酸盐浓度均显著高于苏南地区，富氨环境使 NO_3^- 更容易在颗粒物中形成稳定的硝酸盐，促进了 $PM_{2.5}$ 中 SNA 的生成。

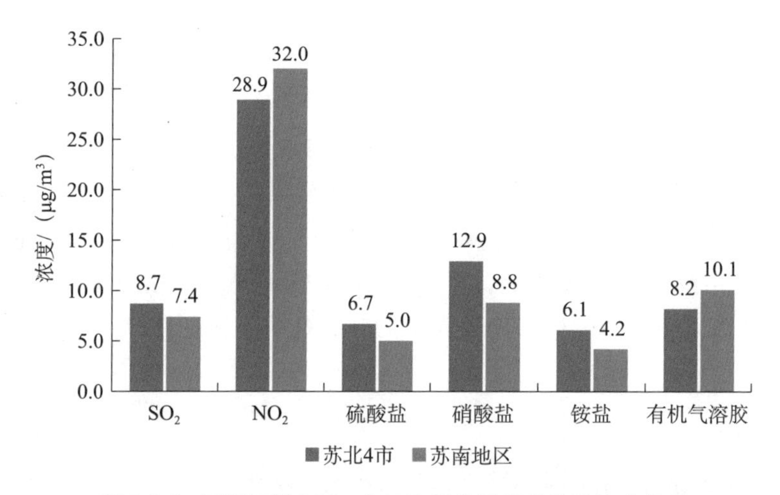

图 2-3-3 不同区域 $PM_{2.5}$ 中二次组分及其前体物浓度水平

国内研究学者利用热力学模型（ISORROPIA）模拟了 NH_3 减排对 $PM_{2.5}$ 浓度的影响，结果显示，华北地区大气总氨（NH_3 和 NH_4^+ 离子）减排 40% 后，NO_3^- 的峰值浓度将大幅削弱，平均降幅超过 50%，$PM_{2.5}$ 峰值浓度下降 15%～20%[22]。

3.5 钾离子浓度高，生物质燃烧排放贡献较大

秋冬季宿迁市钾离子平均浓度为 0.51 μg/m³，居全省第 3，仅低于徐州、泰

州。污染过程期间，市区超级站监测到$PM_{2.5}$中钾元素与氯元素同升同降，与燃烧源相关。钾离子是生物质燃烧的典型示踪物，较高的钾离子浓度表明，宿迁市区受生物质燃烧影响较为严重。基于宿迁市钾离子浓度与风频统计结果，钾离子浓度较高时风向主要为东风和东南风，可能受到泗阳与沭阳传输影响。

第4章　大气污染排放与来源

4.1　源清单编制技术方法

在国家大气污染防治攻关联合中心的统一领导下，我国逐步发展和完善了城市尺度排放清单编制技术，涵盖工业源、移动源和面源共计十大类36小类污染源。其中，工业源包括热电、钢铁、化工、水泥、砖瓦、玻璃、涂装、纺织、食品等37个行业；移动源包括机动车、农业机械、工程机械和船舶等；面源包括施工扬尘、道路扬尘、餐饮油烟、成品油储运、建筑涂料、农药使用、化肥施用、畜禽养殖、秸秆焚烧、民用燃料燃烧等。涵盖了SO_2、NO_2、CO、VOCs、NH_3、总悬浮颗粒物（TSP）、$PM_{2.5}$、PM_{10}、黑碳（BC）和有机碳（OC）十大污染物和二氧化碳（CO_2）。

在国家源清单编制规范的基础上，宿迁市根据本地产业结构、工艺水平与治理技术，扩展了本地化排放因子库和治理工艺类型，建立了重点行业VOCs源谱库，利用卫星观测修正了NH_3排放结果，探索了基于用电量的工业源动态排放清单编制方法和基于道路车流量的机动车动态清单编制方法。

4.1.1　人为源

我们充分融合2019年源清单、环境统计数据、排污许可工作中涉及的企业名单，结合全面纳入应急管控清单、“十四五”及年度减排工程涉及企业，更新宿迁市源清单工业企业名单。基于实际排放测试与在线监测数据修正了电力、玻璃等重点NO_x排放行业的治理效率与排放量；补充监测了橡胶塑料、木材加工等地方特色产业的排放特征，建立了本地化排放因子，建立精细化工业源排放清单。工业源活动水平收集情况见表 2-4-1。

表 2-4-1 工业源活动水平收集情况

一级源分类	二级源分类	数据收集情况
化石燃料固定燃烧源	电力供热	12 家电力供热企业信息
	工业锅炉	798 个工业锅炉、20 个工业炉窑信息
	民用锅炉	3 县 6 区民用锅炉信息
	民用燃烧	3 县 6 区民用燃烧信息
工艺过程源	冶金	12 家冶金企业信息
	建材	69 家建材企业信息
	石化与化工	49 家石化与化工企业信息
	化纤	8 家化纤企业信息
	医药制造	12 家医药制造企业信息
	其他工业	459 家其他工业企业信息
移动源	道路移动源	107.3 万辆机动车信息
	非道路移动源	燃油量为 38.1 万 t 的非道路机械信息
溶剂使用源	印刷印染	4 家纺织印染企业信息
	表面涂层	面源溶剂使用信息、1 009 家表面涂装企业信息
	农药使用	5 739 t 农药使用信息
	其他溶剂	19 t 干洗剂用量、20 056 t 沥青用量等
农业源	畜禽养殖	8 758 万只畜禽养殖信息
	氮肥施用	55.6 万 t 氮肥施用信息
	秸秆堆肥	45.30 万 t 秸秆堆肥信息
	固氮植物	30.50 万亩①固氮植物种植信息
	土壤本底	611.8 万亩耕地面积信息
	人体粪便	167.9 万人农村人口信息
扬尘源	工地扬尘	1 994.6 万 m^2 施工区域信息
	道路扬尘	551.8 km 道路信息
	土壤扬尘	615 998 万 m^2 农田土壤信息
储存运输源	加油站	3.7 万 t 汽油销售信息
	油气储存	30 万 t 柴油、40 万 t 汽油储存信息
	油气运输	168.1 万 t 储运油气信息

① 1 亩≈666.67 m^2。

续表

一级源分类	二级源分类	数据收集情况
生物质燃烧源	工业生物质锅炉	301 个工业生物质锅炉信息
	生物质炉灶	11.3 万 t 薪柴使用信息
	生物质开放燃烧	2.05 万 t 生物质燃料使用情况
废弃物处理源	废水处理	22 家废水处理企业信息
	固体废物处理	11 家固体废物处理企业信息
其他排放源	餐饮	1 959 家餐饮企业信息

通过交通运输局、住房和城乡建设局、城市管理局、农业农村局、公安局等管理部门的协调调度，我们收集了面源与移动源相关活动水平信息，结合环境统计年鉴及经济、能源和工农业活动统计数据等，估算移动源和面源的污染物排放量。利用宿迁地区 IASI 卫星观测的 2019—2021 年 NH_3 柱浓度的增长率对其 NH_3 排放量进行了修正。移动源与面源活动水平收集情况见表 2-4-2。

表 2-4-2　移动源与面源活动水平信息收集情况

污染源分类		活动水平信息	获取途径
移动源	机动车	分车型保有量、行驶里程、燃油类型	公安局、交通运输局
	非道路移动机械	保有量、行驶里程、平均功率	交通运输局、水利局、住房和城乡建设局
面源	扬尘源	施工面积、道路类型及总长度、铺装面积、道路车流量	交通运输局、水利局、住房和城乡建设局
	农业源	农药使用量、畜禽出栏存栏数、农作物播种面积	农业农村局
	生物质燃烧	主要农作物产量、秸秆综合利用率	农业农村局
	餐饮	城市常住人口	城市管理局

4.1.2　天然源

对于天然源 VOCs，我们从建立剂量—效应方程并添加臭氧胁迫效应、搜集文献数据计算本地化排放因子、融合多源数据并更新植被分布数据三个方面，基于排放因子法建立宿迁市植物挥发性有机物（BVOCs）排放清单。本书整理了1990—2018 年发表的 12 篇相关文献中的实验数据，建立了异戊二烯（ISOP）与 O_3暴露量（AOT40）之间的剂量—效应模型（$y=-0.0113x+0.9061$），并结合地面 O_3观测浓度，对 ISOP 排放量进行修正。本地化 ISOP 排放因子和全球平均水平的排放因子如表 2-4-3 所示，相对于全球平均水平，针叶林、草地和农作物的本地化排放因子相对较小，而阔叶林和灌丛的本地化排放因子相对较大，二者差异可能是由于特定物种的排放速率测量值不同以及全球范围与长三角地区植被功能类型的物种组成不同引起的。

表 2-4-3　ISOP 排放因子对比　　单位：μg/（m^2·h）

排放因子	针叶林	阔叶林	灌丛	草地	农作物
全球平均水平	600	10 000	1 180	800	40
本地化	27	16 619	4 000	70	1

4.1.3　工序级 VOCs 排放总量核算技术

长期以来，工业企业 VOCs 排放量核算局限于企业/环节级，主要依靠排放系数及物料衡算等技术手段，参考国外已有文献中的排放因子进行全厂或分环节排放量计算，但工段复杂的污染源无法切分至具体生产装置，无组织排放定量困难，治理措施的减排效果参差不齐且难以有效评估，这都成为制约 VOCs 核算结果准确性与有效性的关键问题。本书构建了一套工序级 VOCs 排放总量核算技术，极大地提升了 VOCs 核算结果的准确性与有效性。

我们选取石化与化工、溶剂使用与涂装等行业开展排放工艺技术变化趋势、排放控制水平和时间分布特征等关键信息调研，针对石化与化工等复杂排放行业开展分工序、分过程的原辅料选取、生产方式、溶剂存贮等信息的详细调研；明确各行业主要工序所使用的控制技术对排放污染物的去除效果。

基于企业实际生产工况与物质流分析建立覆盖 27 个重点行业 VOCs“行业类别—污染源项—工艺设备—物料类型—治理技术”五级源分类体系，第一级根据相应排放大类对应的不同国民经济行业，共覆盖 27 个涉 VOCs 重点工业行业。第二级主要覆盖不同的涉气单元，即实际生产过程中会产生 VOCs 排放的工业环节，包括工艺废气、有机溶剂、有机液体存储和调和、有机液体装卸挥发、燃烧烟气排放，以及废水集输、储存、处理，冷却塔、循环水冷却系统；部分行业还包括特殊的涉气单元，石化与化工等行业的涉气单元覆盖火炬与设备动静密封点泄漏等。第三级考虑具体生产装置和生产设备。第四级根据不同涉气单元实际生产情况进行进一步分类，如工艺废气对应产品类型，有机溶剂对应工业溶剂类型，燃烧烟气对应工业锅炉的燃料种类及锅炉形式，有机液体存储调和、装卸对应有机液体种类等，其中涵盖了 100 种以上的化工产品、16 种橡胶塑料产品、13 种医药产品、12 种食品产品、28 种有机溶剂种类等。第五级针对每个排污环节的 VOCs 废气综合去除率，提出废气收集措施和末端污染控制措施。

表 2-4-4 为建立的低、中、高三级治理水平的分级分类 VOCs 减排措施库，形成“源头减排效率、无组织废气收集效率、末端治理设施治理效率与运行效率”的 VOCs 综合治理效率评估技术。

表 2-4-4　化工行业分等级 VOCs 减排措施库

环节	措施（低级）	措施（中级）	措施（高级）
动静密封点	按无组织排放标准落实泄漏检测与修复技术（LDAR）	健全 LDAR 管理制度、台账规范管理、不可达点远程检测	采用无泄漏、低泄漏设备
储罐	落实无组织排放标准，固定顶罐采用控温、氮封等技术	保持现有罐型，浮顶罐采取高效密封措施，固定顶罐采用废气高效收集处理技术	基于储存物料理化性质等实施罐型改造与高效收集处理，采用压力罐、低温罐、高效密封的浮顶罐，浮顶罐采用近零排放技术
装卸	顶部采用浸没式或底部采用装载式气相平衡装置	采用高效密封干式快速接头，输送采用无泄漏泵	采取管道输送的方式，减少罐车和油船装卸作业及中间罐区
废水	采用浮动顶盖或加盖收集处理 VOCs，应用生物、等离子等处理技术	高效收集 VOCs，采用生物滴滤、生物滤床等脱臭工艺	采用密闭管道替代敞开式集输，高浓度废水密闭收集并回收利用，低浓度废水密闭收集并高效处理
工艺过程	采用局部或整体气体收集系统和净化处理装置	集气罩风量、位置等设计符合设计规范或加严要求，车间尽量在密闭负压下收集 VOCs	使用低泄漏生产工艺装备，焦化环节采用密闭除焦技术改造或采用冷焦水密闭循环、焦炭塔吹扫气密闭回收
火炬	回收排入火炬系统的气体和液体	设置视频监控装置，禁止熄灭长明灯	连续监测、记录火炬工作状态，确保有机气体能点燃并充分燃烧

基于各排放环节特征建立VOCs排放总量测试方法，融合物料衡算、排放因子、实测法建立分环节精细定量算法，并基于企业物质流平衡与排放通量监测验证算法结果。依托VOCs排放量核算系统实现“生产线—工艺装备—废气环节—收集系统—治理设施—排气筒”链条式关联，逐个计算生产工序与涉气装置有组织与无组织VOCs排放量，实现工序级无组织与有组织废气切分与精细定量。

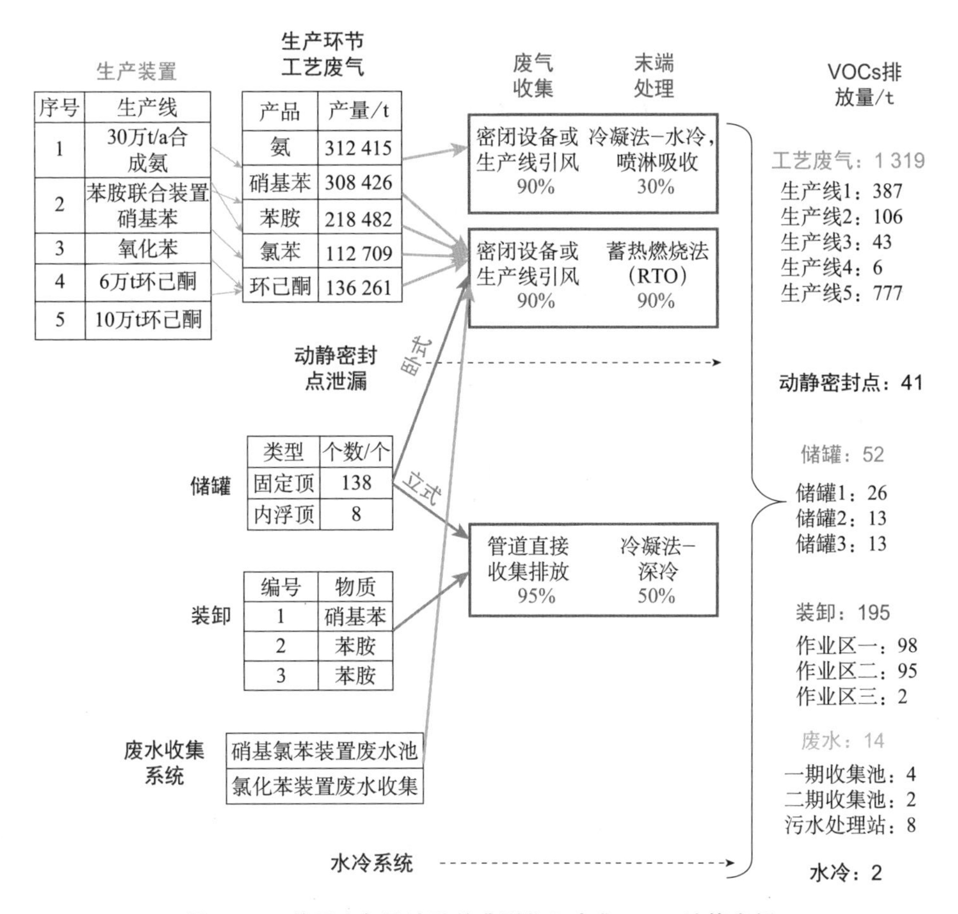

图2-4-1 基于废气流追踪的典型化工企业VOCs计算案例

图2-4-1为某有机化工行业企业核算过程，该企业5条生产线的生产环节均产生VOCs废气，首先，通过在线调研等方法收集5种产品类型、产量、原辅料种类及用量等生产水平数据；其次，通过调研每一条生产线对应的废气收集方式进一步对该生产线废气进行正向追踪，同时对除生产过程外的其他废气产生环节

或涉气单元（包括动静密封点泄漏、储罐、装卸、废水收集系统和水冷系统等活动水平数据）进行调研，确保对每一个废气产生环节实现精准定位和正向追踪；最后，追踪每一个废气产生环节至末端废气处理环节，包括收集措施和末端控制措施，完成废气流末端追踪收尾。

4.1.4 分物种 VOCs 排放清单建立

1. 采样分析方法

本书采用美国 Entech 公司内表面硅烷化处理的苏玛罐采集样品。采样前使用清洗系统对苏玛罐进行有效清洗，将其抽真空至 250 Pa 以下备用。在采样点将苏玛罐打开进行瞬时采样，采样时间为 10～30 s。采样结束后关好罐阀，记录现场相关数据，将苏玛罐带回实验室进行分析。VOCs 的定性定量分析参照美国国家环境保护局 TO－15 方法。样品气体经过三级冷阱预浓缩系统浓缩，除掉大部分水和 CO_2，进入气相色谱-质谱联用仪（GC－MS）进行分析测定。第一级冷阱捕集温度为－150℃，预热温度 20℃，解析温度 20℃，烘烤温度 130℃，烘烤时间 5 min；第二级冷阱捕集温度为－30℃，解析温度 180℃，解析时间 3 min，烘烤温度 190℃；第三级冷阱捕集温度－160℃，进样时间 8 min，烘烤时间 3 min。预浓缩后样品被转移至气相色谱-质谱联用仪（岛津 GC－MSQP2020）进行定量分析，并在实验室开展样品检测分析。

2. 样品采集分析及行业源谱库建立

针对宿迁市化工、涂装、橡胶塑料、印刷、木材加工等重点行业开展 VOCs 物种排放测试。基于宿迁市重点行业本地化 VOCs 物种排放测试结果，综合江苏省本地化测试结果与文献调研等形成一套覆盖宿迁市所有企业的行业源谱。

3. 重点行业分物种清单建立

基于 2021 年大气污染源清单中企业的 VOCs 排放量，根据行业源谱库进行 VOCs 物种分配，从而得到宿迁市 2021 年工业源 VOCs 分物种排放清单。部分有排放测试结果的企业用实测结果替代行业源谱，修正物种数据。

4.1.5 动态排放清单编制技术方法

1. 工业源排放清单

基于污染源在线监测、用电量、年度污染源排放清单数据，建立工业源大气污染物动态排放清单。依据《江苏省污染源自动监控管理办法（试行）》，收集已安装 SO_2、NO_x、颗粒物、VOCs 在线监测设备的电力、建材、化工、涂装等重点工业源名单。针对有在线监测数据的企业，基于重点工业源小时排放浓度、风量等实时在线监测数据，根据企业排放口监测数据得到重点工业源实时排放量[式（2-4-1）]；针对无连续监测但可获取用电量的工业源，建立企业年用电总量与年度清单排放量非线性关系，获取实时用电量，按比例计算实时工业企业污染物排放量[式（2-4-2）]；针对既无用电量又无连续监测的工业源，根据年度清单数据推算逐小时排放量[式（2-4-3）]。

$$E_t = C_t \times V_t \times 10^{-6} \tag{2-4-1}$$

$$E_t = P_t \times \frac{E}{P} \tag{2-4-2}$$

$$E_t = \frac{E}{330 \times 24} \tag{2-4-3}$$

式中，E_t为第 t 小时的污染物排放量，kg/h；C_t为第 t 小时污染物浓度小时均值，mg/m^3；V_t为第 t 小时烟气排放量小时均值，m^3/h；P_t为第 t 小时工业企业小时用电量，kW·h；P 为工业企业上一年全年用电量，kW·h；E 为工业企业上一年全年污染物排放总量，kg。

将宿迁市 SO_2、NO_x 与烟尘在线监测数据实时在线接入动态源清单计算系统，参考《固定污染源烟气（SO_2、NO_x、颗粒物）排放连续监测技术规范》（HJ 75—2017），对烟气自动监控系统（CEMS）缺失数据、异常数据进行补遗与修正，污染物浓度和烟气参数不补遗。主要修正内容包括删除在非正常运行状态下（停产或维修状态等）的污染物折算浓度和流量监测值，基于烟气流量和含氧量等参数的异常数据删除与修正，对缺失数据进行补遗，计算 SO_2、NO_x 与烟尘排放量。

企业用电量、能源消费量等数据可直接反映生产负荷情况，并与污染物排放量有密切关系。神经网络算法具有较好的非线性拟合性能，且能实现多输入多输出，使用神经网络建立“用电量—生产工况—排放量”模型，模拟企业实时排放量。以玻璃行业为例，玻璃企业炉窑天然气每日使用量直接反映炉窑负荷，建立双层神经网络模型，分别拟合用电量与天然气用量以及用电量、天然气用量与主要大气污染排放量之间的非线性关系，建立企业“用电量—生产工况—排放量”神经网络模型，之后通过实时接入的动态用电量数据计算企业动态排放量，技术路线如图 2-4-2 所示。

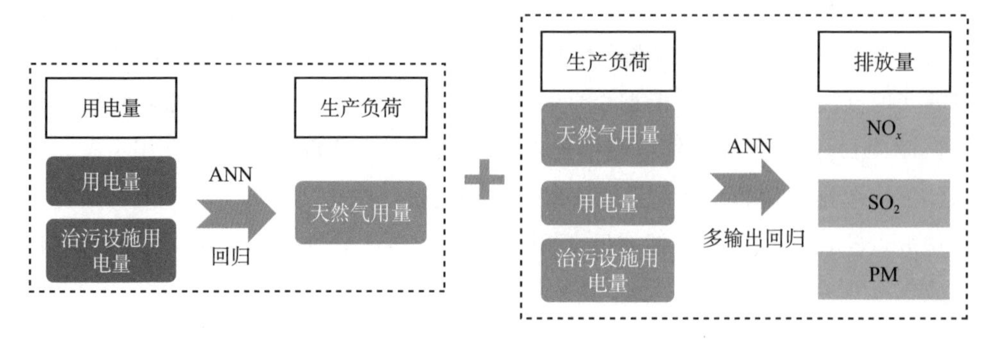

图 2-4-2　企业“用电量—生产工况—排放量”神经网络模型

选择宿迁市 3 家典型玻璃企业 2021 年 11 月至 2022 年 9 月的日能源消耗数据与主要污染物在线监测排放量数据［NO_x、SO_2、颗粒物（PM）在线监测日排放量］作为训练集和测试集，选用均方误差（MSE）对模型性能进行评估并找出最优模型。为了验证天然气用量对模型的修正效果，同时利用神经网络算法建立“用电量—排放量”模型，使用上述训练集和测试集以及 MSE 训练优化模型。从最优模型拟合结果来看，直接用用电量与排放量建模的 MSE 为 871，两级模型的 MSE 为 216，利用天然气修正后模型的性能显著提升。

基于以上算法建立了宿迁市工业源大气污染物动态排放清单，实现各行业、各区（县）时间廓线核算，逐小时输出全市涉气企业的 SO_2、NO_x 与烟尘动态排放量，相关数据可为评估地区大气污染物排放、筛选重点监管企业与异常排放企业、重污染天气应急效果评估等多项管理工作提供有效支撑。

2. 机动车排放清单

（1）全覆盖路网实时道路交通流测算。

在建立道路理想交通流量模型的基础上，通过获取路网基础信息、高德交通信息、车流量信息等数据建立并修正本地化交通流量模型，从而获得实时车流量数据。

在对车流实况的观察和分析后发现，单一道路的一段时间内产生的车流量仅由以下 3 种影响因子决定，即时段车辆平均间隔、时段车辆平均速度和车道数。基于高德交通信息模拟全路网交通流特征，理想状态下，某段单一道路内一个截面 S 在 1 h 内通过的车辆数 N 可以表示为式（2-4-4）：

$$N(s,t)=3\,600\,LV(s,t)/I(s,t) \tag{2-4-4}$$

式中，L 为车道数；$V(s, t)$ 为时段车辆平均速度，m/s；$I(s, t)$ 为车辆平均间隔，m。

理论上，如果可以持续观测某一路段一段时间内经过每辆车的车速及其与前后车辆的间隔距离，经平均后代入式（2-4-4）可计算出该路段这一时段的车流量。但是在应用中无法对每条路段做类似观测。因此可通过合理假设的方式，近似估计特定路段、特定时间内的车辆平均间隔和车辆平均速度，然后计算出相应的模拟车流量。车道数 L 可以在路网信息中获取比较准确的值，或者通过路段等级和所处位置进行合理假设（一般取高速路单向车道数为 3，快速路为 3，国道为 2，省道为 2，县乡道路为 1，城市道路一般为 2）。车辆平均速度 $V(s, t)$ 受到道路设计限速的限制，一般高速路最高 120 km/h，快速路 80 km/h，国道 70 km/h，省道 60 km/h，其他道路 40 km/h，一些乡道支路在 30 km/h 以下，且 $V(s, t)$ 一般夜间高、白天低，城市道路呈现早晚高峰。车辆平均间隔 $I(s, t)$ 一般大于 5 m，且路况差时车速慢、车辆间隔小，路况好时车辆间隔相对较大。

实际的路况对时段的车流量影响很大，预设的平均间隔和平均速度不能表示实时路况变化带来的车流量涨落，因此需要根据实时路况对车流量进行调整。本方法在理想模拟流量的基础上，融合互联网交通态势作为调整依据。电子地图提供商一般都在地图中提供实时路况功能，以颜色标记的形式表示路况的拥挤程度，通常绿色代表畅通，黄色代表一般，红色代表拥堵等。本方法首先获取了全域的互联网态势地图，然后通过地图匹配的方法将地图匹配到用于计算流量的路网中。然后使用图像处理方法识别道路拥堵等级，一般分为 1～5 级，最后以此为依据在车流量计算公式上添加修正项，则车流量可表示为式（2-4-5）：

$$N(s, t) = 3\,600\,LV(s, t) / I(s, t) \times f(\text{jam}) \tag{2-4-5}$$

式中，$f(\text{jam})$ 为某拥堵等级下车流量的调整系数。

可定期随机选取路段自行观测道路交通流量、车辆平均间隔、车辆平均速度等，与模拟程序的输出结果进行对比，对交通流量模拟进行验证和参数修正。

为了更加合理地模拟宿迁市路网交通流量，我们进行了实地路况视频采集，在一些典型代表路段采集一周内每日多个时段的视频。然后利用深度学习方法，对视频中的经过车辆进行跟踪识别和计数，得到一段时间内代表路段的车流量变化实际情况。应用实际路况，我们对典型代表路段的类似路段（位置相近、道路等级一致）车辆平均速度和车辆平均间隔进行调整。

表 2-4-5 为宿迁市典型路段车流量采集情况。我们安排 4 名采集人员分 3 个批次对宿迁市主城区、泗阳县在内的 12 条路段（包含快速路、主干道、次干道、支路）车流量情况进行采集，特殊时段（包含周末、周内的早晚高峰）分组驻扎采集点在同一时间内进行机动车交通流量、车型等现场视频数据采集，录制交通流量视频时长超过 600 h。

表 2-4-5　宿迁市典型路段车流量采集情况

采集时间	采集区域	涉及路段	视频总时长/h
2021 年 12 月	主城区、泗阳县	八一东路、洪泽湖路、幸福路、骆马湖路、世纪大道、市民东路、市民西路、宿支路、太湖路、桃源北路、幸福北路、银杏大道	206
2022 年 10 月	主城区	北京路、振兴大道	173
2023 年 4 月	主城区	北京路、宿支路、振兴大道	142

通过调查典型路段在特定时间段的实际车流量，根据实际观测到的车流量与交通流量模型在相应路段模拟车流量之间的差异计算出比例系数，将此比例系数作为调整系数，并将其扩展到这些路段相同道路等级的其他道路，如图 2-4-3 所示。

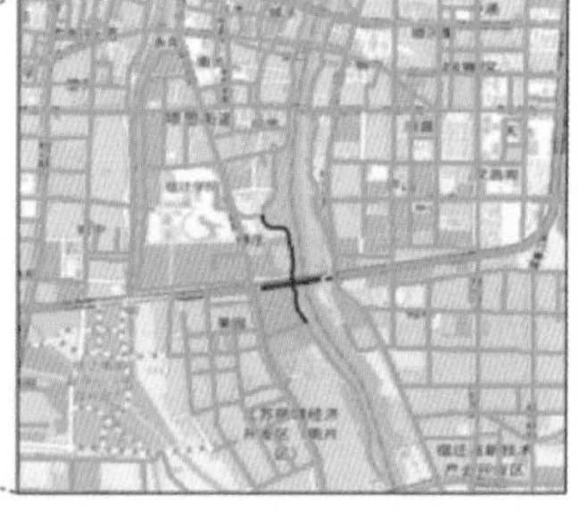

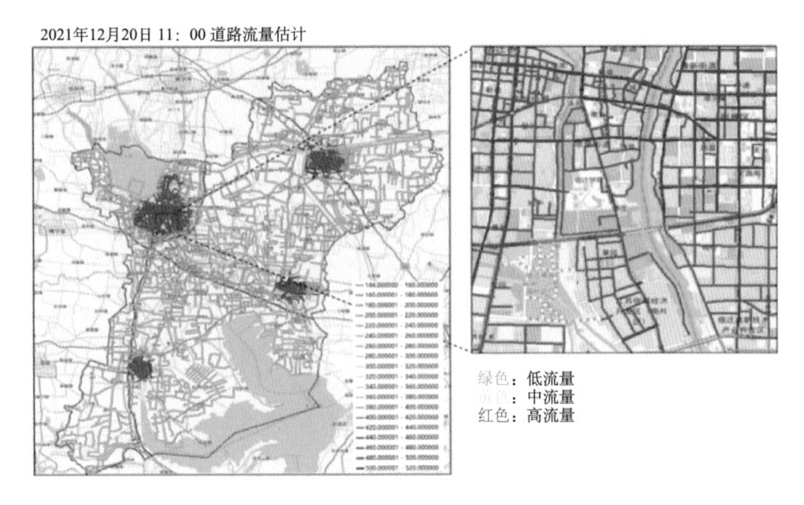

图 2-4-3　基于实际车流量调查数据的车流量模拟修正

（2）机动车道路污染实时排放测算。

结合机动车基础信息（包括车型、燃料、排放标准等）获取各类型车辆的车流量。根据清单国家指南算法获取机动车基准排放系数及各类修正因子（如海拔修正因子、温度修正因子、湿度修正因子等），并获取本地实时气象数据（如温度、湿度等），实现 SO_2、NO_x、VOCs、PM、BC、OC、CO、CO_2、NH_3 等污染物实时排放量计算。

利用车辆保有量车流量数据，计算分车型的流量数据，其中大型车包括公交车、中型载客车、中型载货车、大型载客车、重型载货车，小型车包括出租车、轻型载货车、微型载客车、微型载货车、小型载客车，则：

大型车计算车型车流量计算公式如下：

$$P_{大,x}=\frac{N_{大,x}}{N_{大}}\times P_{大} \tag{2-4-6}$$

小型车计算车型车流量计算公式如下：

$$P_{小,x}=\frac{N_{小,x}}{N_{小}}\times P_{小} \tag{2-4-7}$$

式中，$P_{大}$、$P_{小}$分别为当前道路卡口监测车流量中大型车、小型车车流量，辆/h；$N_{大}$、$N_{小}$分别为大型车、小型车保有量，辆；$N_{大,x}$、$N_{小,x}$分别为大型车、小型车计算车型保有量，辆。

机动车排放量的计算公式如下：

$$E=P\times \mathrm{BEF}\times \varphi_T\times \varphi_{\mathrm{RH}}\times \varphi_{\mathrm{H}}\times \gamma\times \lambda\times \theta\times \mathrm{VKT} \tag{2-4-8}$$

式中，E 为机动车实时污染物排放量，kg/h；P 为车流量，辆/h；BEF 为基准排放系数，kg/（辆·km）；φ_T 为温度修正因子；φ_{RH} 为相对湿度修正因子；φ_H 为海拔高度修正因子；γ 为平均速度修正因子；λ 为车辆劣化修正因子；θ 为车辆其他使用条件（如负载系数、油品质量等）修正因子；VKT 为行驶里程，km。

基于机动车基础信息、路网基础信息等，实现基于高德交通信息的全路网交通流特征模拟，基于排放因子算法，建立涵盖宿迁市 1 593 条路段的机动车实时动态清单，空间分辨率约 100 m，时间分辨率 1 h，分路段实时计算 SO_2、NO_x、$PM_{2.5}$、PM_{10}、VOCs、NH_3、CO 7 项污染物排放量。NO_x、VOCs 计算结果如图 2-4-4 所示。

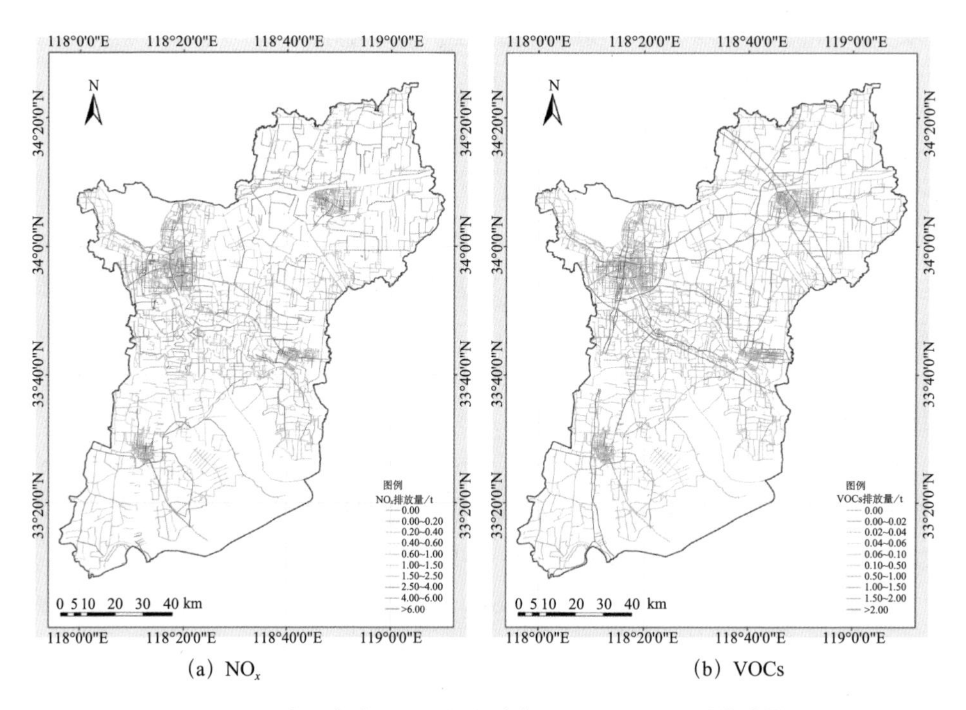

(a) NO_x　　(b) VOCs

图 2-4-4　宿迁市分区（县）机动车 NO_x、VOCs 逐时排放量

4.2　宿迁市大气污染源排放特征

4.2.1　2021 年大气污染源排放特征

图 2-4-5 为宿迁市 2021 年各污染源排放占比。2021 年宿迁市工业源对 SO_2、

VOCs 的排放贡献最大，分别约为 65.5%和 78.9%，面源对 NH_3、TSP、PM_{10}、$PM_{2.5}$和 OC 的排放贡献最大，分别约为 95.7%、48.8%、52.1%、41.6%和 72.4%，移动源对 NO_x、CO、BC 和 CO_2 的排放贡献最大，分别约为 88.2%、53.7%、90.7%和 56.1%。其中，移动源中的机动车和非道路移动机械对 NO_x 排放贡献相当，约 44%，CO、CO_2 排放以道路移动源为主，BC 排放以非道路移动机械为主。

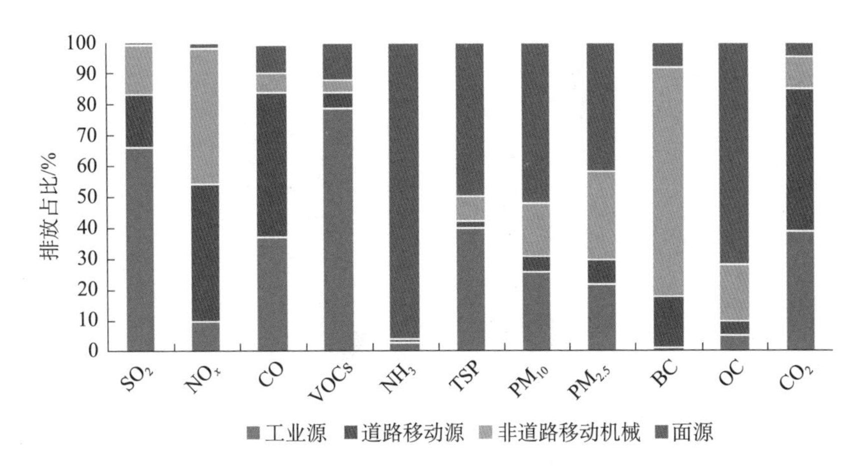

图 2-4-5 宿迁市 2021 年各污染源排放占比

从具体行业贡献来看，SO_2 的主要来源为电力供热，贡献 50.9%，其次为道路移动源和非道路移动源，分别贡献 17.0%、15.6%。NO_x 的主要来源为移动源，道路移动源和非道路移动源对 NO_x 排放贡献相当，合并贡献达到 88.2%，此外电力供热排放贡献为 5.7%。

PM_{10} 的污染排放源以面源的工地扬尘、餐饮和移动源中的非道路移动源、工业源的建材行业为主，排放占比分别为 19.6%、17.5%、17.1%和 11.9%。$PM_{2.5}$ 排放以移动源中的非道路移动源为主要排放源，占排放总量的 28.4%，其次为面源中的餐饮、工地扬尘和道路移动源，排放贡献分别为 24.4%、7.0%和 7.9%。

VOCs 的来源相对较为复杂，工业源中表面涂层、其他工业、医药制造和石化与化工对 VOCs 排放的贡献占比较高，分别为 36.5%、18.6%、14.1%和 6.0%。移动源对 VOCs 的排放贡献也较大，道路移动源和非道路移动源的排放占比分别为 5.5%和 3.7%。

从空间分布来看，NO_x 排放量较高的面源污染源主要位于主城区国控站点周边与沭阳县，NO_x 排放大户在各区（县）均有分布。VOCs 排放量较高的面源污染源主要分布在主城区国控站点周边与沭阳县，VOCs 排放量较高的工业企业主要位于沭阳县，其次为主城区国控站点周边。总体来说，主城区国控站点周边与沭阳县的 NO_x、VOCs 排放较为突出，如图 2-4-6 所示，主城区国控站点周边工业涂装、橡胶塑料制品行业企业较为集中，宿豫区生态化工园区为石化与化工行业集中地区，沭阳县木材加工企业较为集中。

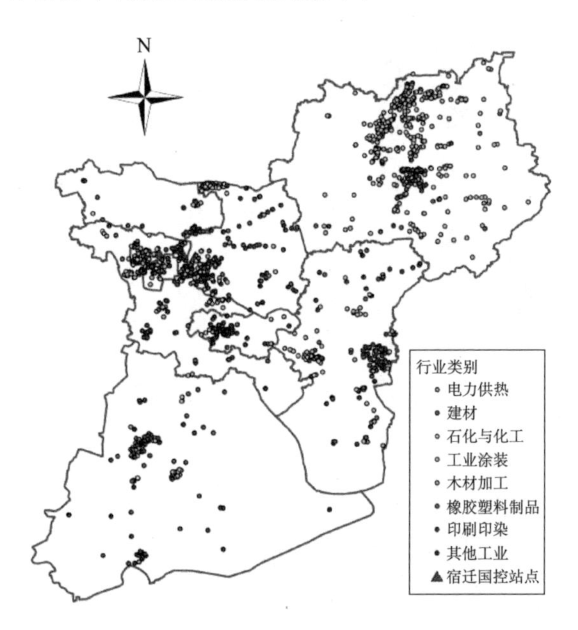

图 2-4-6　宿迁市 NO_x、VOCs 工业源重点行业分布

表 2-4-6 为 2021 年宿迁市分季节天然源 VOCs 排放量。宿迁市天然源 VOCs 排放量为 4 998.3 t，约占江苏省的 7.5%，季节分布上，受气象条件和植被生长季的影响，BVOCs 排放主要集中于 7 月，排放量共计 4 099.7 t，占比为 82%，4 月、10 月排放量较低，分别为 766.6 t、128.8 t，1 月几乎没有排放；在空间分布上，BVOCs 的排放受制于植被分布。

表 2-4-6　2021 年宿迁市分季节天然源 VOCs 排放量　　单位：t

污染物	排放量				
	1 月	4 月	7 月	10 月	全年
VOCs	3.2	766.6	4 099.7	128.8	4 998.3

4.3 VOCs 分物种排放清单

4.3.1 VOCs 分物种排放成分谱

1. 样品采集分析

自 2021 年 7 月起，我们对宿迁市 22 家企业开展 VOCs 物种排放测试，共采集 35 个样品，涉及涂装、橡胶塑料制品、有机化工、木材加工、印刷 5 个重点行业，如表 2-4-7 所示。基于排放测试结果建立宿迁市本地化行业源谱。

表 2-4-7　样品采集情况

序号	所属行业	采样环节	样品量/个
1	涂装	涂装车间、调漆室、危险废物库、排气筒（分溶剂型与水性涂装线分别采集样品）	7
2	橡胶塑料制品	调胶、浸渍、精炼工序、治理设施进口与出口	14
3	有机化工	反应釜等产生工艺环节、治理设施进口与出口	6
4	木材加工	热压、喷胶等工序	4
5	印刷	印刷工艺、危险废物车间、排气筒等	4

2. 行业源谱库建立

基于宿迁市重点行业本地化 VOCs 物种排放测试结果，综合江苏省本地化测试结果、天蓝源谱、文献调研等形成一套覆盖宿迁市 14 个行业的 VOCs 源成分谱。

图 2-4-7 显示不同行业的 VOCs 源成分谱差异较大。石化、食品制造、废弃物处置行业以烷烃为主，涂装（溶剂型）、木材加工行业以芳香烃为主，制药、皮革、布料印染行业以 OVOCs 为主，涂装（水性）以 OVOCs、卤代烃和芳香烃为主，有机化工、化学纤维、橡胶塑料行业以 OVOCs、芳香烃、烷烃为主，印刷、电子信息行业以芳香烃和 OVOCs 为主。总体来看，工艺过程源中不同行业的 VOCs 排放特征差异较大；溶剂使用源贡献较大的物种是 OVOCs 和芳香烃。

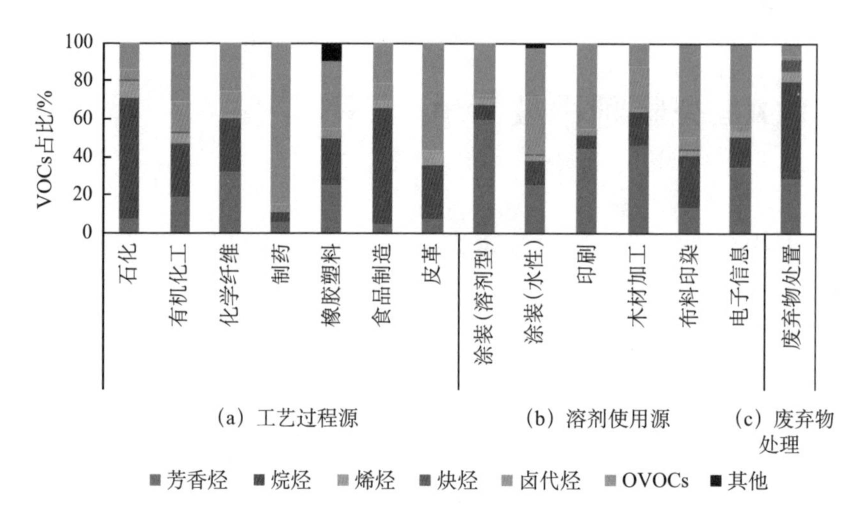

图 2-4-7 本地化重点排放源 VOCs 源成分谱

4.3.2 VOCs 分物种排放清单

基于行业源谱库，我们对 2021 年工业源 VOCs 排放量进行物种分配，实测企业直接采用该企业源谱进行物种分配，形成 VOCs 分物种排放清单。从排放物种来看，宿迁市目前主要排放物种为芳香烃，占比为 46%，其次为卤代烃、OVOCs 和烷烃，占比分别为 19%、16%和 16%。木材加工行业对芳香烃、OVOCs、卤代烃、烷烃、烯烃物种的排放占比均较高，达到 65%及以上。

从 OFP 贡献来看，芳香烃 OFP 占比为 85%，排放量占比为 2%的烯烃由于反应活性较高，其 OFP 贡献占比为 7%，仅次于芳香烃，OVOCs、卤代烃、烷烃贡献分别为 4%、2%、2%。芳香烃、烯烃应作为宿迁市重点和优先管控物种，乙烯、间/对二甲苯、甲苯、丙烯、邻二甲苯是贡献排名前 5 的优先管控物种。沭阳县和宿豫区是 VOCs 重点和优先管控区，木材加工和涂装行业是重点和优先管控行业。OFP 优先控制物种的位置分布如图 2-4-8 所示，可以看到芳香烃主要分布于沭阳县、国控站点周边、泗洪县北部；烯烃主要分布于宿豫区生态化工园、沭阳县、国控站点周边、泗洪县北部。

4.3.3 橡胶塑料制品浸渍工序 VOCs 源谱与臭氧贡献

1. 样品采集

选择 6 家涉浸渍工序的典型企业，分别在其浸渍产线旁 1 m 处采集无组织样

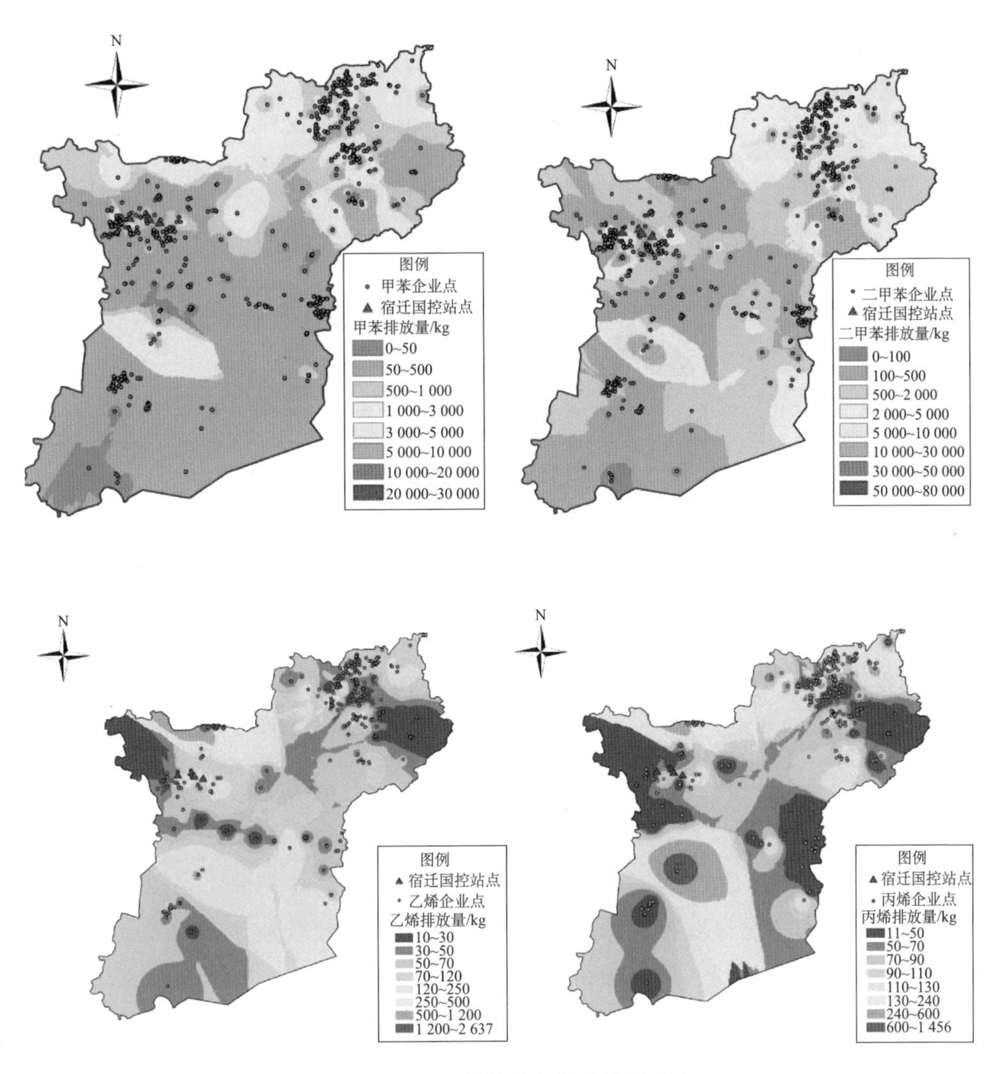

图 2-4-8　OFP 优先控制物种排放分布

品并进行分析。在每家企业浸渍产线旁选取 1 个点位进行 1 次采样，每个点位每次采集 3 个平行样品，污染源样品采集清单如表 2-4-8 所示。

表 2-4-8　污染源样品采集清单

样品编号	产品	原辅材料
1#	乳胶气球	天然乳胶、硫化剂（硫黄）、氧化锌、促进剂（二乙基二硫代氨基甲酸锌）、色浆、氯化钙等

续表

样品编号	产品	原辅材料
2#	乳胶气球	天然乳胶、硫化剂（硫黄）、氧化锌、促进剂（干酪素）、色浆、硝酸钙等
3#	乳胶手套	天然乳胶、硫化剂（硫黄）、氧化锌、促进剂（干酪素）、色浆、硝酸钙等
4#	PVC塑胶手套	PVC树脂粉、降粘剂（特种溶剂油）、增塑剂（DINP、DOTP）、色浆等
5#	PVC塑胶手套	PVC树脂粉、降粘剂（白油）、增塑剂（DINP）、色浆等
6#	PVC塑胶手套	PVC树脂粉、增塑剂（DINP）、色浆等

注：PVC为聚氯乙烯。

2. VOCs分组分成分谱

从6个无组织废气样品的107种VOCs检测结果来看，乳胶气球、乳胶手套、聚氯乙烯（PVC）塑胶手套浸渍工序的总挥发性有机物（TVOC）分别为（4.35±1.15）mg/m^3、9.5 mg/m^3、（6.13±4.21）mg/m^3。VOCs物种分布情况如图2-4-9所示。乳胶气球制造以含氧烃为主，占比达63.0%，其次为芳香烃、卤代烃、其他和烷烃，占比分别为10.2%、9.4%、9.1%和7.1%，其中，乙醇（32.5%）、乙酸乙酯（22.4%）为占比较高的2种物质。乳胶手套制造VOCs物种分布情况与乳胶气球较为相似，但含氧烃较乳胶气球略低，占比为33.7%，其次为芳香烃、烷烃和卤代烃，占比分别为29.6%、17.8%和12.5%，其中，乙醇（19.4%）、乙酸乙酯（9.7%）、正癸烷（5.3%）为占比较高的物质。PVC塑胶手套制造以烷烃为主，占比达到78.4%，其次为芳香烃，占比为10.2%，其中，正十一烷（42.5%）、正十二烷（23.4%）、正癸烷（9.2%）为占比较高的物质，主要是由于溶剂油、白油、煤油等降粘剂中含有大量的烷烃类物质和少量芳香烃类物质，且PVC分解温度低，在不足100℃的情况下更易挥发。

综上所述，以天然乳胶为原料的浸渍工序VOCs排放物种主要为乙醇、乙酸乙酯等含氧烃类和少量芳香烃类，以PVC塑胶为原料的浸渍工序VOCs排放物种主要为正十一烷、正十二烷、正癸烷等烷烃类和少量芳香烃类。

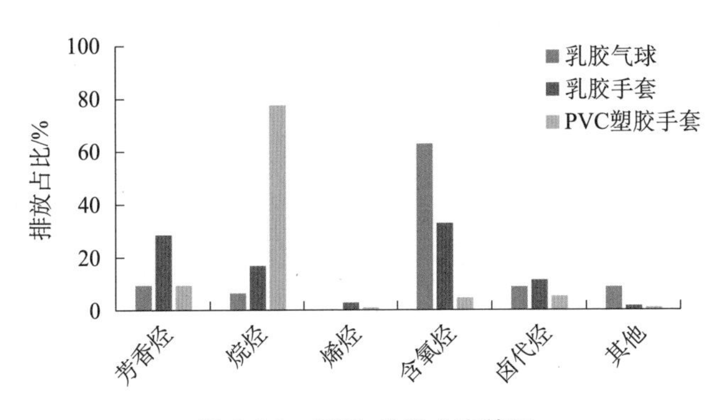

图 2-4-9 VOCs 物种分布情况

3. 臭氧生成潜势分析

采用 MIR 方法对浸渍废气的 OFP 进行评估，结果如图 2-4-10 所示。乳胶手套浸渍工序单位 VOCs 排放量的 OFP 为 5.04 tO_3/tVOCs，显著高于乳胶气球（2.34 tO_3/tVOCs）和 PVC 塑胶手套（1.57 tO_3/tVOCs）。乳胶气球浸渍废气 OFP 以芳香烃、含氧烃、烯烃为主，占比分别为 49%、32%、14%；乳胶手套浸渍废气 OFP 以芳香烃、烯烃为主，占比分别为 74%、13%；PVC 塑胶手套浸渍废气 OFP 以芳香烃、烷烃、烯烃为主，贡献率分别为 53%、24%、17%。3 类产品浸渍废气均是芳香烃 OFP 最高，贡献率为 49%～74%。

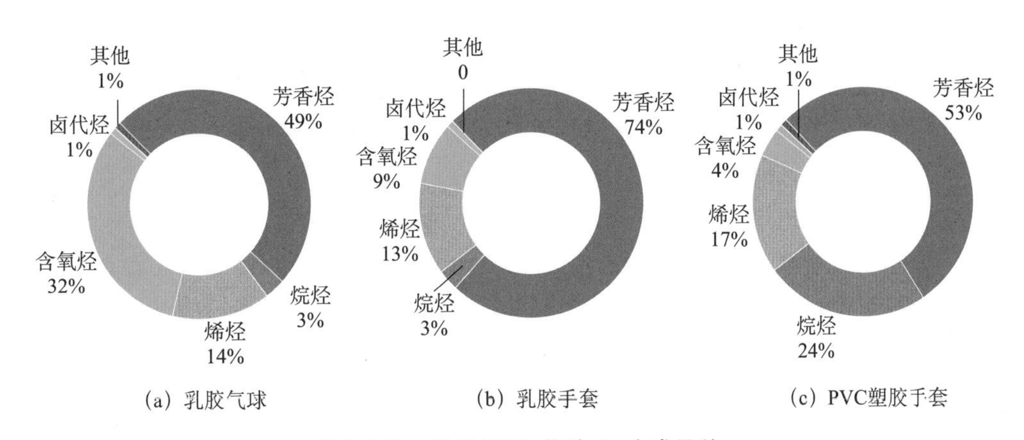

图 2-4-10 不同 VOCs 物种 O_3 生成贡献

综合 3 种产品浸渍废气的 OFP 分析，臭氧生成贡献基本来自苯系物，且 3 种产品 OFP 均超过 1 tO_3/tVOCs，即排放 1 t VOCs 则会造成超过 1 tO_3 生成，对夏季臭氧污染防治造成较大的不利影响。

4.4 VOCs 分级分类管控技术

4.4.1 VOCs 精细化来源解析

（1）机动车排放源为主要 VOCs 排放源，其次为橡胶塑料制品行业和化工行业企业。

结合本地化 VOCs 排放源成分谱，使用 PMF 对宿迁市供电局站点监测数据进行 VOCs 来源解析，共划分了 6 个来源，分别为橡胶塑料制品行业排放源、油气挥发排放源、机动车尾气排放源、化工行业排放源、印刷印染排放源和涂装行业排放源。根据 PMF 源解析结果，机动车尾气排放源是该站点 VOCs 的最重要来源，贡献占比为 27.4%，其次为化工行业排放源和橡胶塑料制品行业排放源，平均贡献分别可达 19.9%、16.1%。此外，涂装行业排放源贡献为 15.2%，印刷印染行业排放源贡献约占 8.1%。

（2）东北向的化工企业、东南方向的涉工业溶剂使用企业以及偏南方向橡胶塑料制品企业对该站点排放贡献较大。

宿迁市东南—南方向的 VOCs 浓度最高，东北—北方向以及西南—南方向次之，西北方向的最低。从不同风向上各排放源组成来看（图 2-4-11），东北—北方向化工行业生产过程排放源和机动车尾气排放源贡献占比最大，东南—南方向油气挥发排放贡献最大，西北方向橡胶塑料制品行业排放贡献较为突出。此外，除东北—北方向，偏南方向（东南—南和西南—南）的印刷印染行业排放源贡献也较大，占比均超过 18.0%。西南方向涂装行业排放源贡献最大，超过 20.5%。

此外，该监测站点东北方向、西侧、西南方向、南侧及东南方向均存在工业园区，包括站点东北侧 5 km 处的膜材料产业园（主导产业为高性能复合材料）、东南方向 7 km 处的恒力工业园（主导产业为纺织）、东南方向 10 km 处的宿迁高新区（主导产业为新能源、新材料等）。

（3）关键物种中烷烃主要来自机动车尾气排放，芳香烃主要来自工业溶剂使用排放和化工行业企业排放。

基于 PMF 对宿迁市臭氧生成贡献前 10 的关键物种进行来源分析（图 2-4-12），结果显示，关键物种中的烷烃和烯烃（包括丙烷、乙烷、乙烯、正丁烷、异戊烷、正戊烷和异丁烷）主要排放源为机动车尾气。此外，油气挥发排放对丙烷、

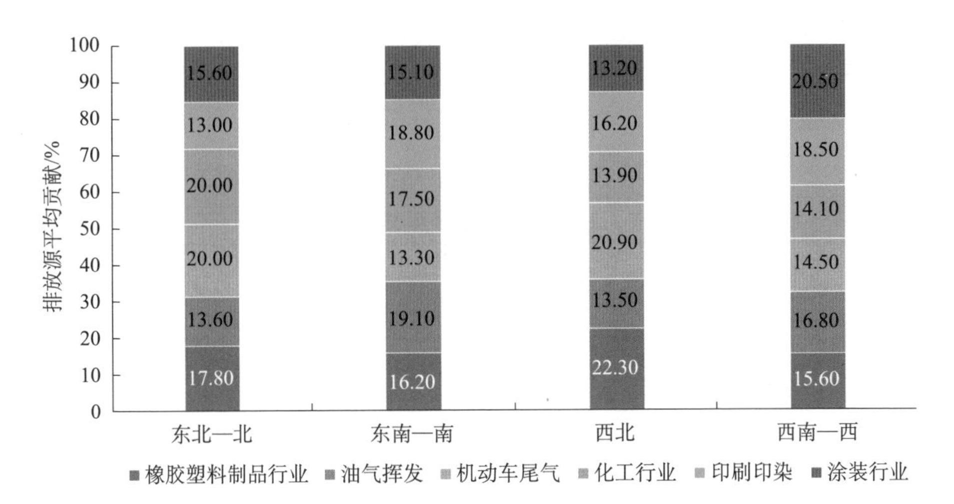

图 2-4-11 宿迁市供电局站点不同风向的源解析

正戊烷和异戊烷等部分烷烃贡献也较大。关键物种中的芳香烃类主要来自工业溶剂使用排放源，其中间/对二甲苯、邻二甲苯、甲苯主要来自涂装行业和化工行业，1,2,4-三甲基苯主要来自印刷印染行业。

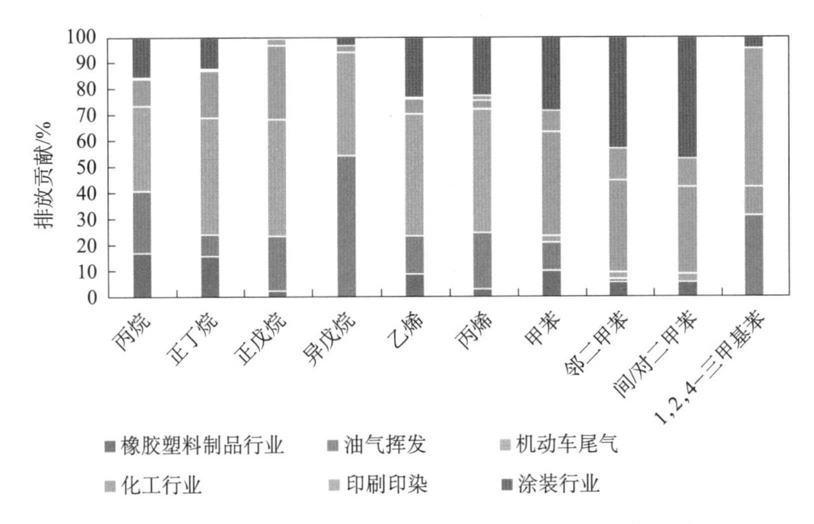

图 2-4-12 宿迁市臭氧生成贡献前10的关键物种的来源分析

4.4.2 建立VOCs分级分类管控机制

基于VOCs源清单与成分谱，建立细化到环节与关键问题的分级分类管控清单，如表2-4-9所示。以排放贡献为基础，识别不同季节、不同风向下的重点行业。进一步开展活性物种的管控，基于 VOCs 强化观测，识别关键活性物种；基于 PMF 解析，分物种排放清单识别关键活性物种来源；最终建立以臭氧生成潜势、地理区位（上下风向）、单位产值排放强度、走航高值与督察记录为分级指标的企业层面分类管控清单。

表 2-4-9　企业分级分类管控清单

企业	优控等级	重点涉活性物种	走航高值次数/次	关键环节
企业 1	1	二甲苯、甲苯、苯、三甲苯、四甲苯	3	大件晾干、喷涂末端治理
企业 2	2	二甲苯、三甲苯、乙苯	1	溶剂型涂装线、末端治理设施运维
企业 3	1	二甲苯、乙酸乙酯、邻二甲苯、三甲苯、乙苯	3	溶剂型印刷线
企业 4	2	三甲苯、二乙基苯、二甲苯、乙醇	1	浸胶、烘干
企业 5	2	二甲苯、2-丁酮、甲基丙烯酸甲酯、正庚烷、异丙醇	1	UV 涂料涂装线

第5章 “一行一策”减排技术路径

5.1 污染源排查技术

宿迁市“一市一策”工作组联合行业专家累计开展8轮排查，依托科技手段提升排查效能，利用便携式烟气分析仪、手持式VOCs分析仪与苏玛罐手工采样、便携式氨监测仪等（图2-5-1）进行分析、采样。通过监测手段定量评估并及时固定证据，大幅提升了发现问题的效率；与地方管理部门配合，采用“排查+帮扶+威慑”模式提升工业源治理能力，对于偷排等恶意违法行为及时给执法局提供线索并立案处罚。结合现场调研与测试分析等，对标相关政策、法规标准，针对玻璃、火电、生物质锅炉、涂装等行业，从源头减排、过程控制、末端治理、监测监管等方面，提出基于全流程控制技术的“一行一策”综合管控方案。

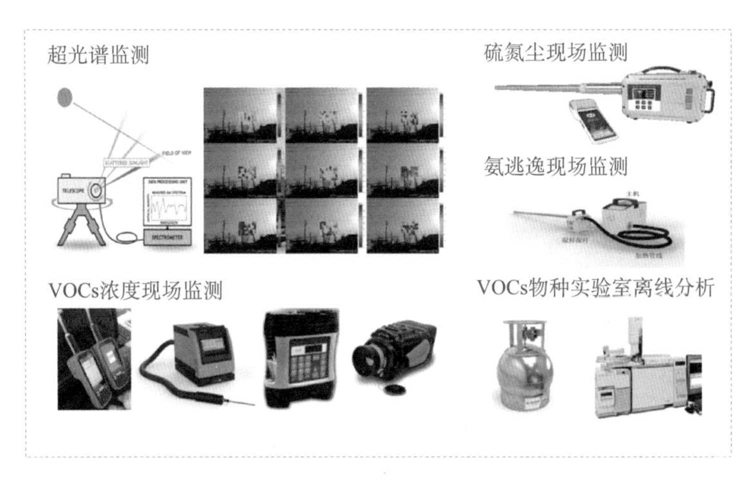

图2-5-1 重点企业现场排查监测手段

5.1.1 工业源排查

利用污染源排放在线监控与用电量监控数据，实时监控重点管控区域内工业源排放、污染治理设施运行情况。运用手持式检测设备、便携式检测设备、微风风速仪、红外摄像仪等开展日常巡检与排查。重污染天气应急管控期间，重点排查区域内污染源应急管控措施落实情况。工业源排查技术如表 2-5-1 所示，在线监测数据诊断方法如表 2-5-2 所示。

表 2-5-1 工业源排查技术

序号	排查事项		排查技术与内容	建议频次
1	无组织排放	颗粒物	1. 运用颗粒物雷达走航/平面扫描进行走航排查，发现企业周边浓度高值点并及时开展企业现场排查。 2. 现场排查企业车间产尘点，设置集气罩并配备除尘设施，实现无可见烟（粉）尘外逸；厂区道路硬化，并采取洒水、喷雾、移动吸尘等措施保持清洁；料场出入口等易产尘点安装高清视频监控设施等	每周
		VOCs	1. 综合运用红外摄像仪、手持式或便携式 VOCs 检测仪等设备现场排查无组织排放。 2. 采用微风风速仪开展无组织废气收集效率检查，废气收集系统采用外部排风罩的，距排风罩开口面最远处的 VOCs 排放位置的控制风速是否≥0.3 m/s。 3. 现场查看含 VOCs 物料是否密闭输送和转移，是否未使用敞口式、明流式生产设备，是否未进行敞开式喷涂、晾（风）干等生产作业（大型工件除外），废气输送管道是否出现臭味、漏风等感官可察觉泄漏。 4. 涉 VOCs 物料的设备密封点≥2 000 个的企业是否实施 LDAR，是否按规定时间对设备与管线组件的泄漏密封点进行及时修复并复测。 5. 废水是否采用密闭管道输送，排入口和排出口是否采取与环境空气隔离的措施	每周
2	有组织排放	末端治理	1. 通过污染源在线数据排查监控企业废气排出口污染物浓度是否超标。	持续
			2. 排查管控区域内涉 VOCs 废气工业企业，采用单一活性炭吸附法、单一光氧化、光催化、低温等离子、喷淋吸收等简易工艺治理设施的，采用便携式检测仪或手工采样开展检测评估，排查无法满足治理效率或难以满足排放浓度限值的企业。 3. 检查治污设施相关的台账或者记录	每月

续表

序号	排查事项	排查技术与内容	建议频次
3	清洁运输	1. 排查料场出口是否设置车轮和车身清洗设施；车辆运输是否用封闭车厢或苫盖严密，装卸车时是否采取加湿等抑尘措施。 2. 排查厂内及公路运输是否全部使用达到国五及以上排放标准车辆（含燃气）或新能源车辆。 3. 排查厂内非道路移动机械是否全部使用达到国三及以上排放标准或使用新能源机械	每周
4	环境管理	1. 排查环保档案：①环评批复文件；②排污许可证及季度；③年度执行报告；④竣工验收文件；⑤废气治理设施运行管理规程；⑥一年内第三方废气监测报告。 2. 排查台账记录：①生产设备运行台账，原辅材料、燃料使用量，产品产量；②竣工验收文件、设备维护记录；③废气治理设备清单，主要污染治理设备、设计说明书、运行记录、污染源在线监控小时数据等，耗材记录，包括活性炭等耗材使用量，除尘器滤料更换记录等运输管理电子台账（包括出入厂记录、车牌号、VIN 号、发动机编号和排放阶段等）；④固体废物、危险废物处理记录等。 3. 排查是否设置环保部门，是否配备专职环保人员（具备相应的环境管理能力）	每半年
5	应急管控	1. 运用工业企业用电量监控，从企业分表计电生产设施和环保设施分析历史预警期间电量变化，比对采取减排措施期间的用电量是否有下降趋势，初步判断企业应急响应落实情况。有生产设备单独分表计电的，应按照相关生产工艺的主要用电设备用电量计量。 2. 核查台账，检查生产线运行记录是否显示停产状态；检查在线监测数据是否较正常生产时偏低，检查烟气量是否明显下降；检查主要原料及燃料使用量是否符合减产比例。 3. 核查污染治理设施运行状况，现场查看大气污染治理设施运行记录台账、控制系统主要运行参数是否满足操作规程要求，主要排放口监测设备数据是否正常及超标时段等情况。 4. 采用无人机搭载热成像仪等手段协助排查工业生产活动情况	应急管控期间

表 2-5-2　在线监测数据诊断方法

序号	检查项目		检查情况	常见问题
1	采样单元	加热采样探头内部及滤芯是否存在沾污和堵塞现象，其过滤器加热温度是否符合仪器说明书要求	是 □ 否 □	①加热采样探头内部及滤芯沾污和堵塞； ②采样探头过滤器加热温度不符合仪器说明书要求
2		采样伴热管的长度是否在 76 m 以内，且其走向向下倾斜度是否大于 5°，管路是否存在低凹或凸起，伴热管温度是否大于 120℃（直接抽取法）	是 □ 否 □	①加热导管存在平直的管段或明显 U 形管段； ②管线存在扭结、缠绕或断裂的现象； ③伴热管温度过低
3		反吹系统是否正常工作，反吹气压缩机是否正常工作	是 □ 否 □	反吹周期、时间、空压机表头压力不符合仪器说明书要求
4		稀释比恒定，其数值是否与登记备案一致（稀释抽取法）	是 □ 否 □	稀释气流量及样品气流量不稳定；稀释比、流量与登记备案不一致
5		气水分离器工作是否正常	是 □ 否 □	①气水分离器冷凝器温度与登记备案不一致； ②干燥器滤芯变色； ③冷凝器无冷凝水排出
1	SO_2 与 NO_x 分析单元	颗粒物过滤器是否保持干净	是 □ 否 □	
2		采用红外法及化学发光法的 NO_2 转换器工作是否正常，其温度与登记备案是否保持一致	是 □ 否 □	①颗粒物过滤器积灰； ②仪器内部管路连接松动，管壁存在积灰及冷凝水
3		仪器内部管路连接是否紧固，管壁是否存在积灰及冷凝水	是 □ 否 □	

续表

序号	检查项目		检查情况	常见问题
1	颗粒物分析单元	吹扫系统电机是否正常工作	是 □ 否 □	①吹扫系统电机出现异常噪声、振动； ②隔离烟气与光学探头的玻璃视窗表面积尘，仪器光路偏离； ③吹扫系统的管道有裂缝，连接松动； ④吹扫风机的净化风滤芯积灰
2		隔离烟气与光学探头的玻璃视窗是否清洁，仪器光路是否准直	是 □ 否 □	
3		吹扫系统的管道连接是否正常	是 □ 否 □	
4		吹扫风机的净化风滤芯是否清洁	是 □ 否 □	
1	烟气参数分析单元	皮托管是否变形，是否与气流方向垂直，紧固法兰是否松动	是 □ 否 □	①皮托管变形、堵塞，与烟道气流方向偏离，不垂直； ②热敏温度计表面有腐蚀情况，有积尘； ③空气过量系数、皮托管系数 K 值、烟道截面积、速度场系数与登记备案不一致； ④废气排放量、气态污染物浓度等换算不符合相关要求
2		热敏温度计表面是否有积尘	是 □ 否 □	
3		空气过量系数、皮托管系数 K 值、烟道截面积、速度场系数与登记备案是否一致	是 □ 否 □	
4		废气排放量、气态污染物浓度等换算是否符合有关要求	是 □ 否 □	
1	校准校验	固定污染源烟气 CEMS 运行过程中是否按照相关要求开展定期校准和定期检验	是 □ 否 □	①零点与跨度校准频次和校验频次达不到要求； ②现场通入零气和标准气体测试，零点漂移和跨度漂移符合规定的失控指标； ③现场通入标准气体测试，准确度不符合规定的参比方法验收技术指标要求
2	仪器参数	自动监控仪器和数据采集传输仪器中数据采集参数（如量程等）设置是否一致，是否与验收文件、登记备案或上一次有效性审核一致	是 □ 否 □	①参数设置与验收文件、登记备案或上一次有效性审核不一致； ②数据采集参数高限设置过低或低限设置过高

续表

序号	检查项目		检查情况	常见问题
3	线路连接	自动监控仪器与数据采集传输仪器间的数据线路是否正常连接	是 □ 否 □	①数据采集传输仪与自动监控仪器间加装有不明的数据处理设备（如可编程控制器）或信号处理设备（如滤波器等限制电流波动范围的设备）； ②数据采集传输仪器与通信设备（如调制解调器、无线发射器、光纤通信设备等）之间连接其他不明设备； ③自动监控设施停止工作后，数据采集传输仪仍产生并自动发送与实际情况不相符的数据

5.1.2 扬尘源排查技术

通过现场查看结合便携式 $PM_{2.5}/PM_{10}$ 检测仪等对建筑工地定期巡检，重点管控区域内施工工地建议做到每日巡检，如表 2-5-3 所示。每月利用高分辨率卫星影像结合无人机航拍，对重点管控区内建筑工地和裸露地块扬尘污染源空间位置、分布面积、施工扬尘污染控制情况进行全面监控。重点管控区域施工工地安装扬尘在线监控，并与主管部门联网，相关主管部门与生态环境部门共享在线监测数据。定期开展道路积尘负荷走航监测，加强道路扬尘问题排查；出租车/公交车安装颗粒物传感器，动态化、常态化监测重点管控区域道路污染情况。

表 2-5-3 扬尘排查技术

序号	排查事项		排查技术与内容	建议频次	备注
1	工地扬尘	动态更新施工工地清单	联合住建、水利、交通、园林绿化等施工工地主管部门，定期动态更新施工工地管理清单。施工工地应标明施工周期、工地面积、施工作业类型、是否有在线监控设施等	每月	根据管控级别调整频次，重污染期间建议加密

续表

序号	排查事项		排查技术与内容	建议频次	备注
1	工地扬尘	卫星遥感	利用高分辨率卫星影像结合无人机航拍，排查建筑工地和裸露地块扬尘污染源空间位置、分布面积、扬尘治理情况	每月	根据管控级别调整频次，重污染期间建议加密
		现场巡检	配备便携式 $PM_{2.5}$/PM_{10} 检测仪，现场巡检，严格落实工地施工“六个百分百”及“八达标两承诺一公示”	核心区域内每日，重点管控区域内每周	
		扬尘在线监控	核心区域内工地统一安装扬尘在线监控设备，重点管控区域内建筑面积大于2 500 m^2 的工地建议安装扬尘在线监控设备，当超标报警时可即时现场巡检，交办问题	持续	
2	道路扬尘	道路积尘排查	定期开展道路积尘负荷走航，出租车/公交车加装颗粒物传感器，高值路段及时采取洒水等保洁措施	每月	
			重点管控区域路段加强巡检，排查是否落实“保持湿润不起尘”的原则	每日	
3	住宅小区扬尘	住宅小区扬尘治理情况	排查核心区域住宅小区精细化管控，规范物业采用湿法保洁、定期清扫小区地面与楼顶积灰、裸土严密覆盖、高峰期小区内交通专人疏导等方式开展扬尘治理	每月	

5.1.3 移动源排查技术

如表2-5-4所示，移动源排查技术包括机动车和非道路移动机械。其中，结合机动车尾气遥感监测系统数据，实时采集尾气排放信息，筛查疑似超标车辆与多次超标车辆。进入重点管控区域内的柴油车安装车载诊断系统（OBD），在线监控发动机工况，监控数据与所在辖区生态环境部门联网；设置固定黑烟车抓拍点，对行驶车辆进行尾气黑烟抓拍。重点管控区域内渣土车运输配备卫星定位、运行路线监控等运输监控系统，实现渣土运输全过程监控。建立重点管控区域内非道路移动机械台账动态管理制度，定期抽测非道路移动机械尾气排放和油品。

表 2-5-4　移动源排查技术

序号	排查事项		排查技术与内容	建议频次	备注
1	机动车	遥感监测	核心区域重点路段至少设置1个固定式机动车遥感监测点，建立机动车尾气遥感监测系统，实时采集尾气排放信息，重点筛查高排放车辆及多次超标车辆，筛选疑似超标车辆，责令强制检验	持续	根据管控级别调整频次，重污染期间建议加密
		柴油车OBD监控	进入重点管控区域内的柴油车安装OBD，在线监控发动机工况，监控数据与所在辖区生态环境部门联网		
		冒黑烟监管	设置固定黑烟车抓拍点，对道路上行驶的车辆进行尾气黑烟抓拍		
		渣土车运输监控	渣土车配备卫星定位、车厢顶盖闭合监测、视频及盲区监测、车辆运行路线监控及车厢举升或前厢板平推监控系统；具备驾驶员身份认证功能，在行驶或作业过程中出现不良或违规行为时有自动监控提醒功能；具备车速限制、远程限速及电子运单、车辆状态监测和安全防护功能；安装转弯、倒车语音提醒装置		
		渣土车夜间运输	开展渣土车夜间运输集中整治，严厉查处非法运输、抛撒滴漏、带泥上路、冒黑烟等违法行为	每周	
		道路巡检	重点道路按“双随机”模式开展定期和不定期监督抽测	持续	
2	非道路移动机械	非道路移动源排查	重点管控区域内建立动态非道路移动源清单及非道路移动机械台账动态管理制度	每月	
			定期抽测非道路移动机械尾气排放和油品，加强部门非道路移动机械联合执法监管	每周	

5.1.4 其他污染源排查技术

1. 餐饮单位污染源

利用餐饮单位污染源排放在线监控设施［包括油烟、PM、非甲烷总烃（NMHC）三参数］、油烟净化设施用电监控数据，实时监控排放情况。现场检查餐饮油烟净化设施清洗维护记录，采用便携式检测仪或手工采样开展油烟、PM、NMHC排放检测。

2. 加油站排查技术

采用高分辨率卫星影像，定期解译重型柴油货车聚集地，结合周边经济发展及地物分布情况，提取重点管控区域内疑似黑加油站；采用油气回收三参数检测仪（加油枪气液比、系统密闭性及管线液阻），开展油气回收日常巡检；埋地油罐全面采用电子液位仪进行汽油密闭测量。

3. 露天焚烧排查技术

采用高分辨率卫星影像、无人机航拍、雷达走航/平面扫描等技术手段，开展秸秆焚烧、露天烧烤、垃圾焚烧排查；针对露天烧烤高发时段和高发区域，安排专人驻点、加密检查频次、延长驻点时间。

4. 汽车维修单位排查技术

采用手持式、便携式NMHC检测仪或手工采样，开展汽修企业VOCs排放检测，严禁露天喷漆作业。

餐饮油烟、加油站、露天烧烤、汽车维修单位等污染源排查技术见表2-5-5。

表2-5-5 餐饮油烟、加油站、露天烧烤、汽车维修单位等污染源排查技术

序号	排查事项		排查技术与内容	建议频次	备注
1	餐饮油烟	排查清单	联合工商、市场监督管理等部门，建立餐饮油烟服务单位清单	持续	
		在线监控	核心区域（有条件地区建议覆盖重点管控区域）内规模以上餐饮单位以及学校、医院等单位食堂安装高效油烟净化设备和在线油烟监测设备（覆盖PM、NMHC、油烟三项指标）		根据管控级别调整频次，重污染期间建议加密

续表

序号	排查事项		排查技术与内容	建议频次	备注
1	餐饮油烟	清洗维护保养	现场查看油烟净化设施清洗维护保养记录，采用二维码登记的方式建立商家油烟治理设施清洗维护的电子记录	每月	根据管控级别调整频次，重污染期间建议加密
		现场检测	利用便携式 NMHC 检测仪、PM 检测仪开展排放测试，参照生态环境部《餐饮业油烟污染物排放标准（征求意见稿）》识别超标排放行为		
2	加油站	黑加油站	采用高分辨率卫星影像，定期解译重型柴油货车聚集地，结合周边经济发展及地物分布情况，提取疑似黑加油站		
		油气回收	采用油气回收三参数检测仪（加油枪气液比、系统密闭性及管线液阻），开展油气回收日常巡检；埋地油罐全面采用电子液位仪进行汽油密闭测量	每周	
		在线监控	通过联网的油气回收自动监控设备（汽油量大于 5 000 t 的加油站）数据，排查油气排放超标行为	持续	
3	露天烧烤	立体监测	采用高分辨率卫星影像、无人机航拍、雷达走航/平面扫描等技术手段，开展秸秆焚烧、露天烧烤、垃圾焚烧排查	每周	
		现场巡检	针对露天烧烤高发时段和高发区域，建议安排专人驻点、加密检查频次、延长驻点时间	每天	
4	汽车维修单位	现场巡检	检查涂料中 VOCs 含量是否满足国家标准，无组织废气收集措施是否到位，严禁露天喷漆作业	每周	
		排放测试	采用手持式、便携式 NMHC 检测仪或手工采样，开展汽修企业 VOCs 排放检测		

5.2 热电与玻璃行业

5.2.1 治理现状调研评估

如图2-5-2所示，基于污染源排放清单，研究工作组以宿迁市主城区周边10 km范围内高架源为重点深入开展调研评估，发现11家NO_x排放量大的高架源占市区工业源NO_x排放总量的39%，主要为玻璃、热电企业。采用空气质量模型CALPUFF模拟高架源对空气质量影响，结果显示，宿迁学院站点受高架源影响最大，$PM_{2.5}$、SO_2、NO_2、VOCs的日均最大浓度影响分别达到1.69 mg/m^3、1.58 mg/m^3、14.48 mg/m^3、1.66 mg/m^3。通过模拟评估，研究工作组按照企业对主城区空气质量贡献大小进行排序，并识别了不同气象条件下企业的污染排放影响差异，为重污染天气下应急管控提供支撑。

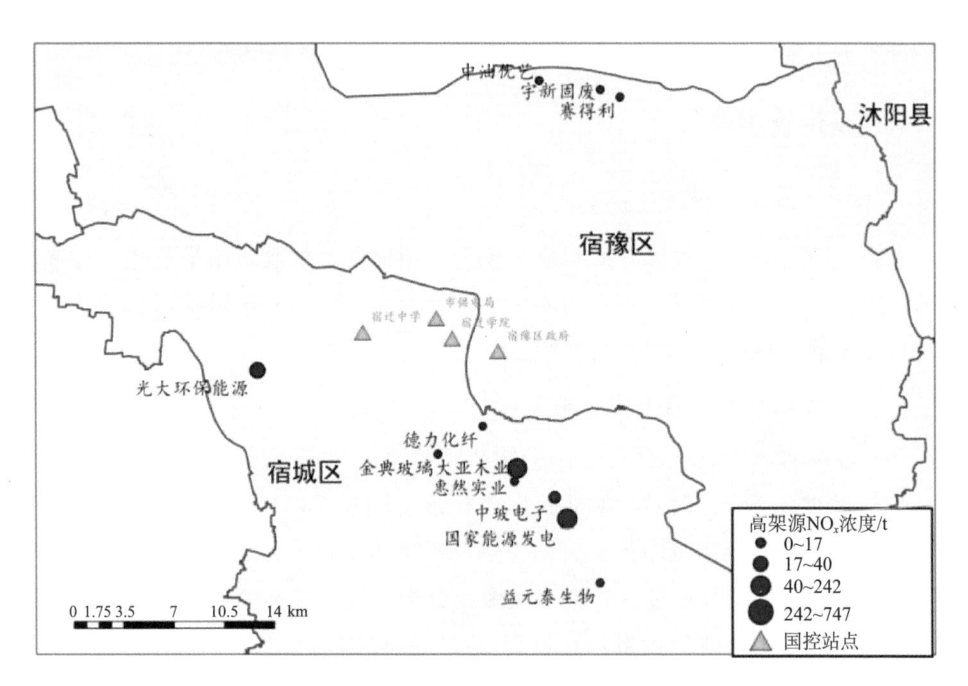

图2-5-2 主城区部分高架源分布及NO_x排放量

通过调研发现，宿迁城区 11 家高架源工业烟气有组织排放整体达标，部分企业工艺存在出口烟温达不到脱硝要求、脱硫脱硝整体设计存在缺陷、运维期间烟气未处理直排等设计与运维问题，导致污染物排放波动显著。无组织排放主要问题包括原料堆场（石英砂、碎玻璃）未进行苫盖或苫盖不完全、原料仓储存及作业过程未密闭仓门且无防尘措施、混料搅拌过程无组织粉尘逸散严重、除尘器卸灰过程未完全密闭等问题。同时，烟气 CEMS 运维不规范的问题相对突出，主要包括在线监测室公示信息不完全、CEMS 历史数据不完全、CEMS 标气瓶不齐全、CEMS 系统配置中量程设置不合理、运维标定记录不完整等问题。另外，氨逃逸是宿迁市高架源排放值得关注的重点问题，工业烟气氨逃逸将导致烟气中由氨转化而来的铵盐浓度大幅增加，通过可凝结颗粒物（CPM）的形式排放至大气中。

根据调研结果，企业产生氨逃逸问题的主要原因是未安装自动喷氨系统，喷氨调节无法稳定精准；逃逸的 NH_3 与三氧化硫（SO_3）会形成硫酸氢铵，导致空预器堵塞、腐蚀，加剧除尘系统积灰、板结，进一步导致脱硝效率下降，企业又会加大喷氨量保证脱硝效率，恶性循环导致 NH_3 排放浓度大幅上升。严重的氨逃逸抵消了脱硫脱硝除尘带来的减排效果，对 $PM_{2.5}$ 有直接贡献。

5.2.2 减排技术路径

1. 加大企业无组织排放控制

各企业石英砂、碎玻璃等原料应实现全封闭堆放，建设封闭堆放棚；原料的破碎、筛分、转运过程应采用密闭通风法进行粉尘治理，并通过抽风机收尘、使用袋式除尘器或旋风除尘器进行除尘。

2. 优化玻璃企业脱硝工艺，减少氨逃逸

参照江苏省《水泥工业大气污染物排放标准》（DB 32/4149—2021）、河北省《平板玻璃工业大气污染物超低排放标准》（DB 13/2168—2020）的要求，以 8 mg/m^3 为氨排放浓度限值，针对氨逃逸严重的企业，要求企业聘请有资质的第三方对脱硝入口烟气浓度进行合理监测或分析，增加精准喷氨设备，优化脱硝工艺，确定最佳的脱硝剂用量，在确保 NO_x 达标排放的同时，避免氨逃逸。精准喷氨与脱硝系统优化技术见表 2-5-6。

表 2-5-6　精准喷氨与脱硝系统优化技术

类别	手动调平	涡流盘改格栅	控制策略优化	脱硝优化技术（软件）	脱硝优化技术（软件+硬件）
关键技术	通过 NO_x 和 NH_3 的手工测试数据，指导喷氨支路手动阀的调整	通过均匀分布的喷氨格栅，实现喷氨的均匀性	通过前馈加反馈控制策略，调节喷氨母管总阀的开度	通过负荷、煤种等历史数据，结合典型工况手工测试数据，建立控制模型，对喷氨总阀和支路进行调整	通过全截面烟气参数监测，多层级预测控制加反馈控制，分区域喷氨，辅以流场优化，实现精细化喷氨控制
优化效果	实现对应工况下的氨氮摩尔比合理配比	实现喷氨的均匀性	解决喷氨控制的滞后问题，避免排放数据波动大	解决建模对应典型工况下的氨氮摩尔比问题	解决各种变工况下的氨氮摩尔比问题
存在缺点	无法适应变工况	1. 部分场合存在喷氨管路或喷嘴堵塞； 2. 无法实现氨氮摩尔比的合理配比	1. 无法解决氨氮摩尔比不匹配问题； 2. 无法解决脱硝出口 NO_x 场分布均匀性及过量氨逃逸等问题	1. 需要定期手动更新模型； 2. 无法彻底解决脱硝出口 NO_x 场分布均匀性及过量氨逃逸等问题	造价相对较高
适应场合	稳态运行	1. 流场和浓度场分布相对均匀； 2. 稳态运行	1. 流场和浓度场分布相对均匀； 2. 稳态运行	煤种、流场和催化剂性能相对稳定	1. 煤种和负荷多变； 2. NO_x 和 SO_2 浓度高； 3. 流场分布均匀性差

3. 推进重点企业治理

对于治理工艺设计存在问题、在线监测频繁超标、氨逃逸严重的企业，建议系统评估停产搬迁可行性；如无法搬迁，应列入重点关注污染源名单，每日关注其排放情况，增加执法监管与抽测频次，依法处罚，督促企业尽快完成工艺改进。针对区（县）个别玻璃企业污染治理设施与在线监测系统形同虚设、无组织排放严重等违法行为，及时立案处罚。脱硝设施运行维护要点见表 2-5-7。

表 2-5-7　脱硝设施运行维护要点

治理设施	环节	运维要点
选择性催化还原技术（SCR）	反应器声波吹灰系统	①声波吹灰系统的稳定运行对于机组和脱硝系统的安全稳定运行极为重要。因此无论是否喷氨，在锅炉引风机运行以后，就应该把声波吹灰系统顺控投入运行，当锅炉需要进行检修时，在引风机停运后方可把声波吹灰系统停运。 ②机组启动、运行、停止过程，必须严格控制和调整燃烧，以降低进入反应区的可燃物，防止 SCR 区沉积可燃物而出现二次燃烧。在锅炉停机前，务必吹灰一次，以免有飞灰附着在催化剂上，若有飞灰，当锅炉停炉后，则飞灰冷却黏附在催化剂上。 ③锅炉点火后进行连续吹灰，程序控制，当 SCR 反应塔入口烟气温度较低时，应适当增加吹灰次数。 ④声波吹灰系统在每一个反应器每一层的就地管路上都有一个压力调节阀，应该把压缩空气的压力调整为 0.5 MPa，日常巡检时应该检查该压力是否在 0.5 MPa 左右，否则应该进行调整
	稀释风机	稀释风机产生的稀释风不但起稀释氨气的作用，而且具有防止喷氨喷嘴堵塞的作用。因此，无论是否喷氨，在锅炉引风机投入运行之前，就应该将稀释风机投入运行，在锅炉引风机停运后，方可停运稀释风机
	催化剂运行温度窗口	①为了保证脱硝系统安全稳定正常运行，进入反应器内的烟气温度不能过高，也不能过低。催化剂的正常工作温度为 280～420℃，只有当烟气温度高于 280℃且低于 420℃时，方可向反应器内喷氨，当反应器烟气温度高于 420℃时，应对锅炉进行调整，以免催化剂发生高温烧结，从而导致催化剂活性迅速降低。 ②应当对反应器进口温度和空预器进口温度进行关注，尤其是在机组启停阶段。当空预器进口温度远大于反应器进口温度时，就表明很可能在反应器内发生了再燃现象，此时应该及时停机检修
	氧气（O_2）供应不足	SCR 烟气脱硝系统在运行的过程中，如果存在 O_2 供应不足的情况，就会使 NH_3 与 NO_x 难以和催化剂发生充分的化学反应，进而导致 NO_x 排放浓度达不到相关的标准要求。一般情况下，O_2 供应不足主要由两个方面的因素导致，分别是 NH_3 区 NH_3 供应能力不足及 NH_3 供应管道发生堵塞。因此，对于这一故障的诊断可以从 NH_3 系统设备的检查出发

续表

治理设施	环节	运维要点
非选择性催化还原技术（SNCR）	维护	定期进行喷枪雾化试验检查，确保各喷枪运行中雾化效果良好。定期进行喷枪喷口磨损情况检查，发现有磨损现象需进行相应处理（停炉时可进入烟道内部进行调整，一般保持喷枪在套管内 4 mm，运行中可以通过铁丝或者焊丝进行测量，根据测量尺寸调节喷枪限位），无须投运的喷枪需摆放在枪架上或者指定的地方
	运行	①正确安装脱硝喷枪的方式是喷枪的喷口面要垂直于烟气流向，使脱硝喷枪的雾化截面能最大限度地混合烟气以达到最佳的脱硝效率。 ②在运行中无须投运的喷枪要及时取出，盖好套管的密封盖，喷枪摆放在套管外的平台上或者指定的枪架上，喷枪套管的一次冷却风保持在全开位置，以便冷却套管并防止套管堵塞。 ③投运的喷枪要定期检查雾化效果及枪头的磨损情况，发现异常时及时处理。 ④脱硝系统的雾化压缩空气压力一般控制在 0.3～0.35 MPa（减压阀），混合液压力保持在 0.25～0.35 MPa

4. 跟踪评估绿色标杆达标情况

宿迁市从“最严标准、培育帮扶、验收认定、动态管控”四个维度创新构建了绿色标杆示范企业认证体系，激励重点企业主动提标改造并发挥示范作用，从源头为生态环境减负，同步加快行业产业转型升级步伐。建议抓紧出台绿色标杆企业跟踪评估管理办法，明确后续管理要求。对于已经评选为绿色标杆但未达到绿色标杆排放的企业，要求企业立即整改，增加检查频次，仍存在问题的则应取消其绿色标杆资格，后续 3 年不得再参加绿色标杆评选工作。

5. 规范在线监测设施运维

在线监测室应按照建设规范张贴公示信息，配备齐全的有效标气，定期进行全流程标定，及时正确填写运维及标定记录台账。

5.3　生物质锅炉

5.3.1　治理现状调研评估

宿迁市生物质锅炉排放情况如图 2-5-3 所示，2020 年宿迁市生物质锅炉数量占江苏省的15%，其中，4蒸吨/h以下的锅炉占比为87.07%。沭阳县和泗阳县锅炉数量最多，分别占全市的68.8%和21.9%，小生物质锅炉治理是重点。

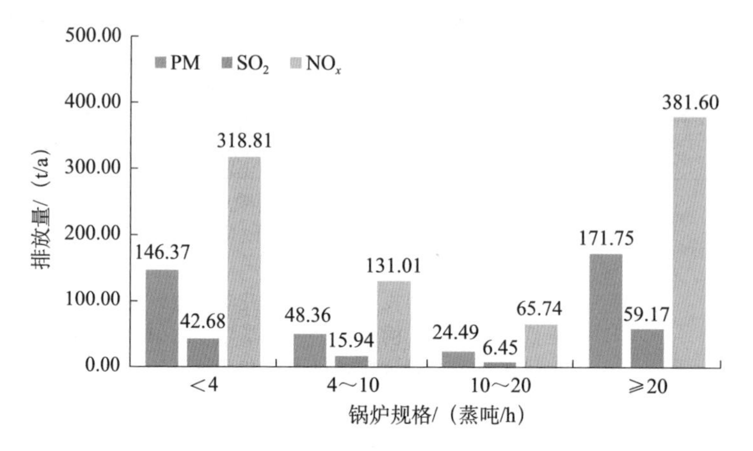

图 2-5-3　宿迁市生物质锅炉排放情况

采用生物质专用锅炉的企业 NO_x 排放浓度相对较低，燃煤锅炉技术改造（以下简称技改）后燃烧生物质的企业普遍浓度较高。一方面，生物质燃料中的碳多数和氢结合成低分子的碳氢化合物，密度较低，挥发分占比在70%以上，显著高于煤炭（＜30%），生物质燃料易被引燃，且燃烧初期VOCs大量释放，因此生物质锅炉和燃煤锅炉在炉膛、送风等设计上均有所区别，直接改烧生物质或者使用存在设计缺陷的技改生物质锅炉可能出现燃料不完全燃烧、炉膛结渣等问题，工况恶化，导致烟气排放浓度超标。另一方面，大部分生物质锅炉由燃煤锅炉改造而来，技改时按照特别排放限值改造，NO_x 排放浓度较难达到50 mg/m^3，加装催化剂后，由于生物质燃料碱金属含量较高导致催化剂中毒，因此达不到较好的脱硝效果。

生物质燃料的原料须为农林剩余物，包括农作物秸秆（如玉米秆、水稻秆、小麦秆、棉花秆、油料作物秸秆等）、农产品加工剩余物（如花生壳、稻谷壳、果壳、甘蔗渣、糠醛渣等）及林业“三剩物”（抚育剩余物、采伐剩余物、加工剩余物）。生物质燃料硫含量普遍较低，对于个别含硫量高的燃料（如糠醛渣等）应配备脱硫设施。对于部分 NO_x 超标的企业可采用SNCR+中低温SCR联合脱硝技术控制污染物排放。与煤炭相比，生物质燃料热值偏低，价格偏高，部分企业自律性差，存在为节约成本而掺烧煤炭的现象。部分企业改造原燃煤锅炉炉膛，增加二次鼓风，其他部分不变，其进料系统可进生物质成型燃料，也可进各种废材或煤，存在烧“双燃料”现象。因此 SO_2 排放浓度较高的生物质锅炉存在掺烧煤炭的嫌疑。

自蓝天保卫战实施以来，宿迁市燃煤锅炉大气污染物排放量大幅削减，但生物质锅炉数量增加显著，工业锅炉与电力行业监管力度仍有待加大。工业锅炉排放的 NO_x、SO_2 等大气污染物是区域 $PM_{2.5}$ 的重要前体物。“一市一策”工作组总结了工业锅炉大气污染物排放的重点违法行为与现场检查方法，电力与工业锅炉排查见表 2-5-8，可为环境执法人员现场监督、检查活动提供指导。

表 2-5-8　电力与工业锅炉排查

治理环境要素	排污节点		排查项目	
扬尘	卸煤区	码头卸煤	使用抓斗等卸船方式时是否采取抓斗限重措施	是□　否□
			是否采取料斗挡板措施	是□　否□
			是否采取喷淋措施	是□　否□
			其他措施	
		火车或汽车卸煤	是否采取喷淋措施	是□　否□
			其他措施	
	储煤场		是否配备防风抑尘网	是□　否□
			是否满足防风抑尘网高度不低于堆存物料高度的 1.1 倍	是□　否□
			防风抑尘网是否有明显破损	是□　否□
			是否有喷淋、洒水、苫盖等措施	是□　否□
			是否为全密闭储煤仓	是□　否□
	输煤皮带或栈桥、转运站等输煤系统		是否采用密闭形式	是□　否□
			是否配备除尘设施	是□　否□
	碎煤机、磨煤机等制煤系统		磨煤机是否采用密闭形式	是□　否□
			碎煤机是否配备除尘设施	是□　否□
	原辅料运输		厂区道路是否硬化	是□　否□
			原辅料出口是否设置车轮冲洗设施或其他措施	是□　否□
			其他措施	
	其他粒状或粉状物料的装卸、贮存、运输、制备等各工序		是否密闭并配备除尘设施	是□　否□
			无法密闭的，是否采取其他控制措施	是□　否□

续表

治理环境要素	排污节点	排查项目	
扬尘	灰渣厂内临时贮存	是否采用密闭型的灰库、渣仓，并配备除尘设施	是□　否□
	粉煤灰运输	厂内是否采用气力输送	是□　否□
		运输是否采用专用罐车	是□　否□
	干灰场	堆灰时是否喷水碾压	是□　否□
	湿灰场	是否保持灰面水封	是□　否□
氨气	氨罐区	是否设有防泄漏围堰	是□　否□
		是否设有氨气泄漏检测设施	是□　否□
		是否安装氨（氨水）流量计	是□　否□
非甲烷总烃	燃油储罐、醇基液体燃料储罐	是否设有喷淋设施	是□　否□
		是否采取双管式物料输送等设施并配备呼吸气收集处理装置	是□　否□

5.3.2　减排技术路径

（1）全面梳理，摸清底细，建立全市生物质锅炉详细管理清单，实施台账式、销号式管理，分阶段、分层次稳步推进。从锅炉规模、炉型、数量、使用时间、是否煤改生物质锅炉、燃料使用量、燃料含硫量、治理设施、废气排放情况、在线监控等方面建立详细管理清单。不断更新完善整治进度与生物质锅炉清单，实行台账式、销号式管理，整改完成一个，销号一个。2023 年 6 月底前，全市 2 家生物质电厂完成超低排放改造，稳定达到江苏省《燃煤电厂大气污染物排放标准》（DB 32/4148—2021）的相关要求。2023 年 6 月 26 日前，综合运用“生物质改气、改电”等清洁能源替代、集中供热等措施推进生物质锅炉淘汰，保留的生物质锅炉达到江苏省《锅炉大气污染物排放标准》（DB 32/4385—2022）的相关要求。率先推进城市建成区内生物质电厂、锅炉超低排放改造、清洁能源替代和集中供热淘汰，逐步推进建成区外小型生物质锅炉采用电能、太阳能等清洁能源替代，对小型生物质锅炉数量多的沭阳、泗阳等地区加大治理力度。生物质锅炉超低排放技术指标与适用范围见表 2-5-9。

表 2-5-9 生物质锅炉超低排放技术指标与适用范围

序号	治理技术	技术指标	适用范围
1	SNCR-SCR+机械式除尘技术+袋式除尘技术	对采用该技术锅炉排污单位的大气污染排放水平和应用情况进行分析，PM 排放浓度为 10～30 mg/m³，SO_2 排放浓度为 10～35 mg/m³，NO_x 排放浓度为 40～200 mg/m³	适用于燃生物质成型燃料锅炉，且燃料中灰分不超过 8%，硫含量不超过 0.1%，氮含量不超过 0.5%；适用于流化床炉
2	SCR+机械式除尘技术+袋式除尘技术	对采用该技术锅炉排污单位的大气污染排放水平和应用情况进行分析，PM 排放浓度为 10～30 mg/m³，SO_2 排放浓度为 10～35 mg/m³，NO_x 排放浓度为 40～200 mg/m³	适用于燃生物质成型燃料锅炉，且燃料中灰分不超过 8%，硫含量不超过 0.1%，氮含量不超过 0.5%；适用于流化床炉和层燃炉，层燃炉宜设置机械式除尘器等措施降低滤袋烧毁风险，催化剂宜采用抗碱土金属中毒催化剂

（2）倒逼政策与经济激励相结合，推进以小型锅炉注销停产为主的生物质锅炉专项整治。宿迁市小生物质锅炉与煤改生物质锅炉数量众多，小型生物质锅炉普遍存在废气治理设施安装率低、污染防治管理混乱等问题，NO_x 排放超标现象普遍，加装 SNCR 脱硝设施成本过高，改造经济可行性低。因此，宿迁市开展以小型生物质锅炉注销停产为主的生物质锅炉专项整治，对可达标的锅炉予以保留并加强监管，对不能达标排放或改造可行性差的生物质锅炉、燃煤改燃生物质锅炉、集中供热热网覆盖范围内的分散供热锅炉、天然气管网覆盖范围内的锅炉、燃用煤及其制品的双燃料或多燃料的生物质成型燃料锅炉等进行淘汰和整改。优先淘汰由燃煤改造为燃生物质的锅炉，采用集中供热、生物质改用燃气锅炉或电锅炉等方式进行清洁能源替代，提升生物质锅炉污染管控整体水平，推动生物质锅炉行业高质量发展；建议通过经济激励政策推动生物质锅炉淘汰改造，针对不同规模、不同淘汰改造方案实施差异化的补贴政策。国内代表城市生物质锅炉治理补贴见表 2-5-10。

表 2-5-10 国内代表城市生物质锅炉治理补贴

补贴形式	代表城市	补贴方式
阶梯式补贴	浙江淳安	0.5 蒸吨以下每台 1 万元，0.5（含）至 1 蒸吨每台 2 万元，1 蒸吨及以上每蒸吨 2 万元
不分规模补贴	广东东莞	5 468.4 万元 352 台

（3）加强全过程管控，严格控制无组织排放。企业严格控制生产工艺过程及相关物料储存、输送等无组织排放，在保障生产安全的前提下，采取密闭、封闭等有效措施，有效提高废气收集率，产尘点及车间不得有可见烟（粉）尘外逸。生产工艺产尘点（装置）应采取密闭、封闭或设置集气罩等措施。除尘灰、灰渣等粉状物料应密闭或封闭储存，采用密闭皮带、封闭通廊、管状带式输送机或密闭车厢、真空罐车、气力输送等方式输送。生物质原料等粒状、块状物料应采用入棚入仓或建设防风抑尘网等方式进行储存，粒状物料采用密闭、封闭等方式输送。在保障生产安全的前提下，通风口、进料口、出渣口等产尘点及车间应采取密闭、封闭等有效措施，不得有可见烟（粉）尘外逸。如因安全生产等要求无法密闭、封闭的，应采取其他污染控制措施。物料输送过程中的产尘点应采取有效抑尘措施。生产现场出口应设置车轮清洗和车身清洁设施，或采取其他有效抑尘措施。

（4）加强监督执法，开展生物质掺烧专项整治。生物质电厂和生物质锅炉，严禁掺烧沥青、油毡、橡胶、塑料、皮革、城镇生活垃圾、工业固体废物及其他有害废弃物，以及煤炭、煤矸石等化石燃料。生物质燃料的原料须为农林剩余物。推广使用破碎率不超过5%、水分不超过18%、灰分不超过8%、硫含量不超过0.1%、氮含量不超过0.5%的生物质成型燃料。结合烟气在线监测异常数据，对生物质电厂和锅炉企业的送料、料仓、上料、进料、灰渣、污染物排放等关键环节开展现场检查，检查企业运行台账记录，重点核查燃料进货、燃料库存、燃料入炉、发电量、供热量等情况。对查实存在掺烧其他物料的企业，由生态环境主管部门责令改正。

（5）健全监测监控体系，加强监管科技支撑。推进宿迁市4蒸吨以上生物质锅炉全面安装大气污染物自动监测设施，建成区外其他区域4蒸吨以上生物质锅炉进料口安装视频监控设施，并与生态环境部门联网。充分利用用电（电能）情况监控、视频和治理设施运行关键工况参数监控等非现场监管手段，深入挖掘涉自动监控环境违法线索，组织开展打击自动监控数据弄虚作假专项执法检查，加大对浓度长期无明显波动、数据长期处于低位、相关参数发生突变等异常数据的核实及调查处理力度。

5.4 移动源

5.4.1 排放特征与现状问题

基于国家清单系数手册计算，一辆国三重型柴油货车行驶1 km的 NO_x 排放量相当于76辆国五小型客车或57辆国六小型汽车行驶1 km的总排放量。近两年江苏省的柴油车跟车排放测试结果显示，国四柴油车排放控制水平未达预期，存在SCR失效导致排放激增的情况，一台非道路移动机械的排污量相当于50～80辆一般机动车的排污量总和。

基于2021年大气污染物排放清单结果，宿迁市移动源（包括机动车以及推土机、挖掘机等非道路移动机械）NO_x 排放量占80%以上，主要来自重型货车，该车型的保有量仅占全市保有量的2.8%，而 NO_x 排放量占75.4%。

采用车载六参数传感器地面走航与无人机飞航监测主城区移动源排放情况，结果如图2-5-4所示，并结合空气质量模型评估其污染贡献。结果发现，柴油车通行主要路段，过往车辆怠速排放贡献突出，NO_2浓度是国控站点监测均值的3～5倍，仅北京路、迎宾大道施工工地的非道路移动机械作业、柴油车通行对国控站点 NO_2的贡献为3.1%～19.0%。走航发现城区油库和运河附近存在 NO_x 高值，但却难以抵近溯源，利用无人机进行低空飞航，发现周边 NO_x 高值达30 μg/m³，主要为柴油车集聚及船舶尾气贡献。

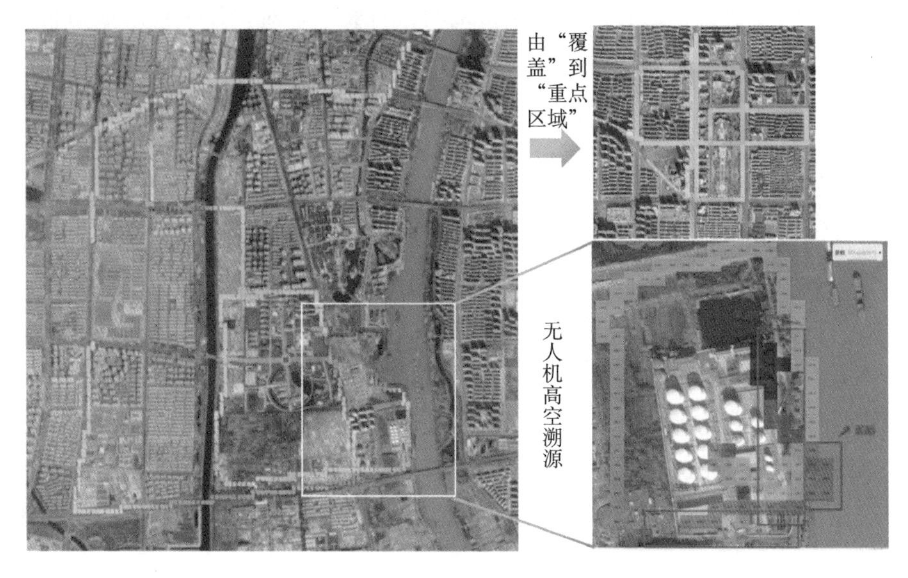

图2-5-4　移动源走航与飞航监测

5.4.2　减排技术路径

（1）推动城区非道路移动机械编码登记率100%覆盖。全面推进非道路移动机械编码登记工作，将非道路移动机械的名称、类别、数量、污染物排放等信息纳入平台统一管理并对外公布，实现城区非道路移动机械登记率100%覆盖。对于未在信息平台上报送非道路移动机械相关信息的，由生态环境主管部门责令改正，并处以罚款，拒不整改的严禁入市。

（2）加大核心禁行区移动源管控力度。在国控站点周边划定核心禁行区，该区域内禁止使用国二及以下排放标准的非道路移动柴油机械，且污染物排放要符合国四排放限值要求；国五以下柴油货车限行。在一般禁区内禁止使用国一叉车、挖掘机、装载机 3 类柴油机械，且污染物排放要符合国标限值要求；国三以下柴油货车限行。

（3）加大移动源执法检查力度。市生态环境局会市交通运输局、市公安局等相关部门加强柴油货车、非道路移动机械的路检与入户检查。以主城区为重点，积极开展柴油货车路检工作，每周不少于 150 车次，针对无通行证、未按通行证标明时段和路段通行、排放超标、非法运输、抛撒滴漏、带泥上路、冒黑烟等车辆加大执法处罚力度，不符合标准且无法修复的强制报废，未取得环保标志上路行驶的，由公安机关交通管理部门扣留机动车行驶证，对责任单位采取通报、约谈、限期整改、停业整顿、暂停车辆进出市区资格等措施，督促整改到位。

（4）推动智慧工地共享联网。推动现有和新建智慧工地非道路移动机械安装尾气排放在线监控装置和电子定位系统，保证正常运行并联网。市生态环境局会同市住房和城乡建设局等相关部门推进主城区智慧工地视频监控、污染物在线监测数据与非道路定位等信息联网至属地生态环境部门，发挥管理实效。对智慧工地和非智慧工地差别化管理，非智慧工地严控渣土运输，主管部门严控渣土车数量，渣土运输量减少 30%；持续推进智慧工地建设。

（5）重污染天气加大应急管控力度。黄色及以上预警期间，主干道和易产生扬尘路段增加机扫和洒水频次；加大辖区工地、主干道的巡查频次和力度，督促、跟踪问题整改落实情况；未安装密闭装置且易产生遗撒的煤炭、渣土、砂石料等运输车辆停止上路；核心禁行区夜间时段停止非道路机械作业，柴油货车禁止通行。

第6章　污染源排放溯源监管技术

6.1　"天地空"溯源技术路线

"面"上充分利用卫星遥感、网格化数据、小尺度溯源等识别重点管控区域，"线"上利用走航、无人机等手段定位具体点位，"点"上利用用电量与在线监测数据，结合傅里叶红外、超光谱、便携式设备等现场排查与监测等手段，锁定异常排放污染源与超标违规行为。重点针对排放大户及主城区施工工地等加大重污染管控期间的检查力度，建立"天地空一体"污染源精细化管控体系。

6.1.1　小尺度溯源

小尺度溯源模型通过"移动+固定"混合监测为感知手段，以城市气象、用地、产业、交通、生活等多源动态数据为基础，以大空间尺度空气质量数据为辅助，采用深度学习模型进行闭环学习和实时空气质量推断，建立"动态监测+小尺度全面域计算"体系。如图2-6-1所示，以2022年10月23日 $PM_{2.5}$ 高值天为例，溯源结果显示4个国控站点均受东北方向气团传输影响，需重点关注该方向的工业企业及各类污染源排放情况。

6.1.2　卫星遥感

本书对哨兵五号卫星观测的 $PM_{2.5}$、NO_2、SO_2、甲醛（HCHO）等污染物柱浓度（单位面积垂直方向累积浓度）逐日数据开展分析。卫星搭载了对流层观测仪，成像幅宽达2 600 km，每日覆盖全球各地，成像分辨率达7 km×3.5 km。

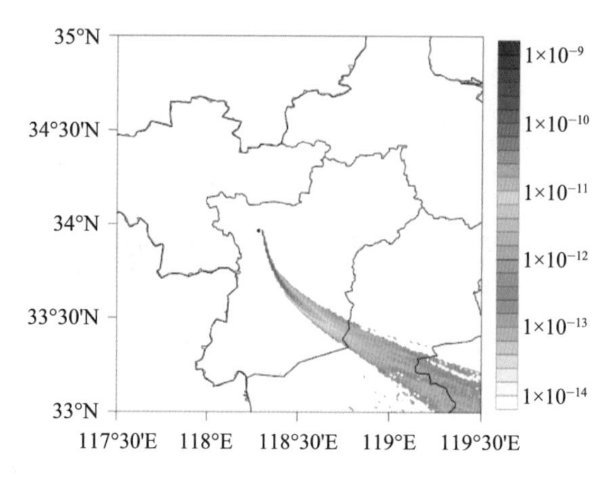

图 2-6-1　宿迁市国控站点 $PM_{2.5}$ 小尺度溯源结果（2023 年 10 月 23 日）

秋冬季宿迁市主导风向为偏东风，2021 年 11 月 13 日宿迁市 $PM_{2.5}$ 浓度超标，空气质量达轻度污染水平，根据卫星观测结果，宿迁市大部分地区均处于 $PM_{2.5}$ 浓度高值区，其中以沭阳县北部、泗洪县中部及宿豫区与沭阳县交会处尤为突出。从局部来看，沭阳县龙庙镇、泗洪经济开发区瑶沟工业园处于 $PM_{2.5}$ 浓度异常高值区域。

6.1.3　移动监测

结合地面走航（污染物浓度监测、道路积尘监测等）与无人机巡航，建立"地空一体"立体监测体系，定期开展重点道路积尘负荷走航监测，确定不同区域道路积尘负荷分级标准。发现超标路段及时通过管理部门落实整改，每月通报道路积尘负荷监测排名最差的 10 个街道及最脏的 10 条道路。利用污染物浓度地面走航监测手段，识别主要大气污染物浓度高值，并基于气象条件与小尺度溯源技术追踪可疑污染源。为远程监测高架源有组织排放情况，采用无人机高空监测排气筒周边烟羽，并通过超光谱远程污染物排放成像观测等手段识别浓度高值。超光谱远程监测成像结果如图 2-6-2 所示。

6.1.4　便携式监测

针对集气罩风速不足 0.3 m/s、厂区无组织排放与有组织排放存在超标问题的企业，利用风速仪、手持式 VOCs 检测仪、便携式 NMHC 监测仪等装备对污染物进行监测并开展执法检查；根据《挥发性有机物无组织排放控制标准》（GB 37822—2019）中的无组织排放管理要求，对无组织排放点位未收集、密闭不完

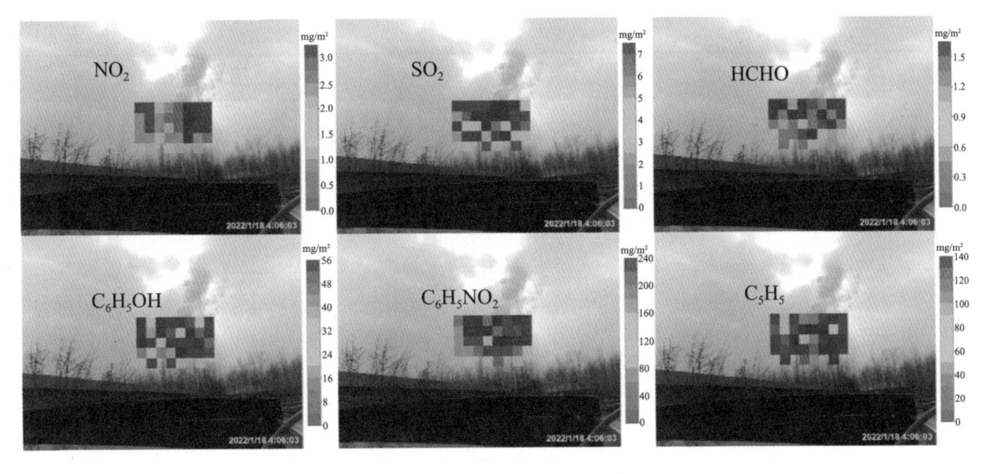

图 2-6-2　超光谱远程监测成像结果

全等措施违规性行为进行核查并开展环境执法；按照《蓄热燃烧法工业有机废气治理工程技术规范》（HJ 1093—2020）、《吸附法工业有机废气治理工程技术规范》（HJ 2026—2013）、《催化燃烧法工业有机废气治理工程技术规范》（HJ 2027—2013）等的要求，参照关键参数，针对活性炭吸附、催化燃烧、蓄热燃烧等主流治理装置的运行维护开展专项执法检查。按相关规定对违反无组织排放标准要求、治理设施不正常运行、设施运行台账不完善、超标排放的企业停产整治。VOCs 监测仪器适用范围见表 2-6-1。

表 2-6-1　VOCs 监测仪器适用范围

分类	监测技术	适用范围	适用情形
离线监测	气相色谱法	有组织、无组织	适用于使用烷烃、烯烃、芳香烃等原辅料、工艺反应相对单一的企业进行年度自行检查，监测或环境执法依据
	固相吸附热脱附/气相色谱-质谱法	有组织、无组织	可分辨烷烃、烯烃、芳香烃、卤代烃、含氧有机物，适用于确定园区、企业特征污染物；建立源谱库
	美国国家环境保护局 TO-15 方法	有组织、无组织	
在线监测	在线监测系统（GC-FID）	有组织	对大部分 VOCs 成分均有响应，并且是等碳响应，适用于石化、化工、涂装等重点行业主要排放口 VOCs 总量监测，也可通过更换色谱柱材料等方式实现特征成分的检测

续表

分类	监测技术	适用范围	适用情形
在线监测	在线监测系统（PID）	无组织	PID 可以灵敏地检测出 ppm 级的 VOCs，但是不能用来定性区分不同化合物，可对化工、石化等重污染行业进行厂界监测
便携式监测	便携式 NMHC 分析仪	有组织、无组织	检测速度相对较慢，需要仪器校准和预热等准备工作，适用于对企业废气排放口或厂内无组织排放进行较长时间的定点连续检测
	手持式 VOCs 分析仪-PID	无组织	检测速度快，对厂内任意非防爆区域进行连续快速监测，常用于应急监测、危险气体预警、VOCs 含量的粗略估计、寻找高值区域
			检测速度快，对厂内任意区域进行连续实时监测，常用于应急监测、危险气体预警、对管道、法兰、储罐等动静密封点泄漏情况进行 LDAR 检测
	红外热成像气体泄漏检测仪	无组织	防爆等级高，适用于石化、化工生产、仓储等高风险区域，可在 100～150 m 的距离对不可达点进行泄漏检测。例如，储罐泄漏检测；加油站、油品运输车检测；管道、法兰或排气筒实时检测；旁路偷排检测

6.1.5 异常排放筛查

基于固定源在线监测数据，结合生产状况相关参数（含氧量、烟气量、烟温）和数据标记及治理设施用电量等数据，初步建立了在线监测排放疑似异常的诊断方法，如表 2-6-2 所示。设计基于氧含量、烟气量、烟温等具体参数的异常行为判定算法，对高排放与异常排放企业实时报警。报警类型分为超标排放、在线数据异常、停用治污设施、疑似数据造假、虚假标记、CEMS 系统不正常运行六大类。

表2-6-2　基于在线监测数据的异常排放企业诊断方法

线索类别	判定规则
超标排放	小时排放浓度超过标准限值
在线数据异常	异常波动，与历史均值比较相差超过±30%
停用治污设施	流量低于1 000 m^3/h，烟温接近环境温度，污染物浓度较低；分表记电异常
疑似数据造假	①氧含量异常低值； ②小时浓度平稳，长期处于较低水平，与企业排放特征不符； ③超标后浓度陡降
虚假标记	标记停用，但其间流量、烟温、浓度等不符合特征
CEMS系统不正常运行	①异常负值； ②异常恒定，连续3 h数值不变； ③数据缺失

6.2　污染源智慧监管系统

6.2.1　监管系统框架设计

系统集成多维立体监测监控、污染源排放清单数据、污染源在线监控、气象与空气质量数据等，结合动态排放清单技术、大数据协同溯源、异常高排放企业筛选技术等，开发大气污染物监管平台，对空气质量、污染源排放、气象、在线监控、执法监管等多源异构数据进行深度融合和分析处理，实现多源数据信息“一张图”；利用物联网及5G、大数据分析、数值模拟等技术，集成精准监测监控、污染分析溯源、源排放定量与动态分析、应急调控、控制方案优化评估等模块于一体的业务化运行平台，实现动态监管与综合管控“一网通”。实现对高值站点动态溯源、污染源异常排放动态追踪和巡查取证功能。在此基础上开发污染风险报警模块，利用走航监测、入户排查监测等手段对溯源取证结果进行验证，并通过实况触发报警机制，第一时间将验证后的报警信息报送执法人员，实现对污染排放的精准打击。同时，进一步集成动态排放清单、动态溯源、无人机巡查取证及污染风险报警模块，构建大气污染物动态监管信息化系统，实现“分析研判—精准溯源—定点执法”功能。

6.2.2 动态清单数据分析

1. 工业源

系统自动统计各工业企业 SO_2、NO_x、PM 等污染物的实时排放情况，分析企业日均增长率、历史增长率、当前排放量、日均值以及历史均值等指标并进行排名；此外，基于企业的空间分布，核算特定区域、特定时间内污染物因子的排放总量，便于分析区域环境的污染负荷情况、评价减排措施的落实情况。

此外，可按照工业的主要行业分类进行污染物排放量统计，分析各行业的排放量贡献等详细信息，从行业分类、污染物等多角度分析对比本地区域内的行业污染排放、产业结构特征，聚焦产业发展趋势并促进产业转型升级。后台搭建灰色相关性模型，以实时企业在线排放监测数据为输入，驱动模型库进行各企业污染物排放未来 24 h 预测，为发现企业超标排放做好预警预报工作，提前采取应急管控措施（如限产或停工等），减少污染天气发生。

2. 机动车

以大气污染物为分析对象，包括 SO_2、NO_x、CO、VOCs、NH_3、PM_{10}、$PM_{2.5}$ 等各类污染物，按照污染物类型对宿迁市各区（县）排放量小时变化、各区（县）对污染物的排放贡献占比、变化趋势、同比及环比情况进行统计分析。按照次干路、快速路、支路、主干路等城市道路主要类型进行分类统计，可选择不同的路段等级分析该等级路网的总排放量、区域分配、污染物贡献等详细信息，分析各区域路段排放强度，聚焦交通发展趋势，调整区域整体运输结构，实现区域协同治理。图 2-6-3 为动态排放清单的展示与分析结果。

6.2.3 高值冒泡区域筛选

系统集成卫星遥感、动态排放清单、走航监测、无人机监测等多源数据，实现大气污染物高值冒泡区精准筛选。基于地理信息系统（GIS）地图底图叠加走航监测、无人机监测数据，实现走航、无人机监测数据的地图按浓度聚类分析与分色显示，采用不同等级标识标记出走航事件中发现污染物监测浓度超过阈值的

图 2-6-3 动态排放清单展示与分析

单点（预警点位）和区域，分类统计汇总监管对象高值报警频次。通过关联分析走航路线高污染排放企业出现的频率或规律，辅助用户推测该企业污染排放趋势。同时可结合该企业污染排放口各污染物的排放特征，从时间、污染物、用电量变化等多角度进一步挖掘分析潜在源污染贡献，为提高企业污染治理水平提供数据支撑。

基于机动车流量模型，定期统计机动车易拥堵路段与高排放区域，筛选结果如图 2-6-4 所示。宿迁市早高峰拥堵路段：迎宾大道、渤海路、滨河路、宿支路、洪泽湖路、黄河路、项王路、珠江路、洪泽湖东路等。晚高峰拥堵路段：青年路、中山路、发展大道、楚街、青年路、黄河南路、运河路、微山湖西路、青海湖路、花园路、通湖大道等。基于系统分析结果，生态环境部门与交通管理部门协商主要路段交通分流绕行方案，重污染期间适时分流。

6.2.4 异常高排放企业报警

污染源动态清单平台实现污染源在线监测数据的逐日、逐小时定时自动化接入，支撑了微信群聊中逐小时非甲烷总烃排放超标、逐小时硫氮尘异常高排放、连续 5 h 硫氮尘异常高排放等微信消息报警提醒，报警规则：企业排放口非甲烷总烃超标报警；企业排放口硫氮尘小时排放量较前一小时增长率最大时报警；企业排放口硫氮尘小时排放量连续 5 h 超 30 日均值在 50%以上的排放大户排放

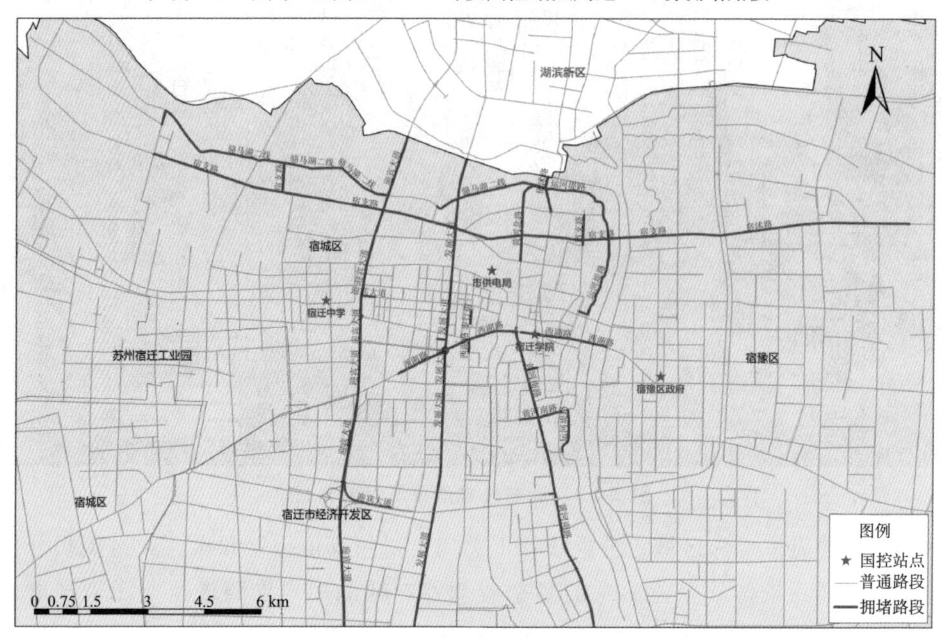

图 2-6-4　机动车拥堵路段筛选

报警。

基于异常排放企业筛选技术，建立自动计算模块，对超标排放、虚假标记、疑似数据造假、CEMS 系统不正常运行、停用治污设施五大类问题进行定期筛查，及时发现问题并督促企业及时整改。为污染过程成因分析、应急管控措施与减排效果评估提供重要支撑。

6.3　活性炭动态监管

6.3.1　动态监管模式

针对 VOCs 污染防治应用最为广泛的活性炭吸附设施，探索追踪活性炭“购买—更换—处置再生”全流程，实施活性炭全生命周期监管模式，结合 VOCs 综合管理平台系统开发“活性炭动态监管 App”，将其用于企业活性炭定期更换处置相关信息申报、审核与预警工作。申报信息包含企业基本信息、活性炭治理设施信息、活性炭购买更换处置相关信息等。

如图2-6-5所示，“活性炭动态监管App”以二维码为载体，对App内登记的活性炭吸附设施自动生成二维码，张贴在设备上，实行“一设施一码”清单化管理。通过扫描二维码，管理检查人员可现场实时查看设施基本信息及活性炭历史购买更换处置记录；企业人员可将活性炭吸附设施相关信息录入平台，并定期上传购买更换处置记录。后续将增加预警功能，通过综合管理平台系统自动监控活性炭状态（蓝色表示正常、黄色表示预警、红色表示超期），预警及超期信息自动推送至相关人员，督促企业定期、规范更换优质活性炭。通过二维码及管理平台，活性炭“码上换”、更换记录“码上查”，可实现活性炭“购买—更换—处置再生”全流程监管，活性炭状态自动监控预警功能则可以实现活性炭吸附设施的“非现场执法”，有效节约了执法力量。依托“活性炭动态监管App”的活性炭全生命周期监管方式实现了对活性炭吸附设施的规范管理、精细管理和精准执法。

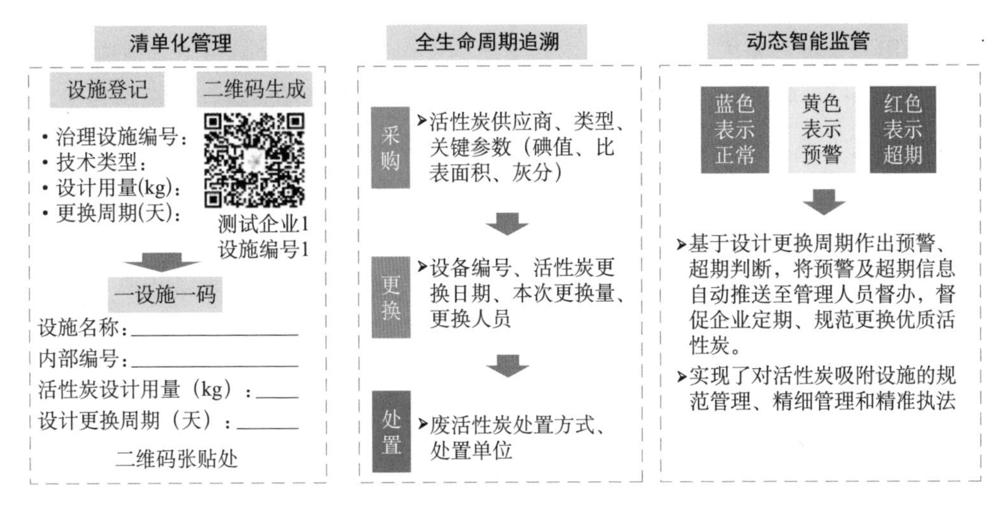

图2-6-5　活性炭智能监管模式

6.3.2　监管功能实现

依托“活性炭动态监管App”，企业通过社会信用代码登录后首先添加活性炭吸附治理设施，填写治理设施编号、技术类型、设计用量、更换周期、风机总功率、风机安装位置等基本信息，并生成治理设施对应二维码张贴于设备上。首页默认显示当前企业填报对应治理设施活性炭更换信息，可通过点击修改更改填报信息。企业通过点击“添加活性炭更换记录”选择活性炭类型、输入填充量、设计用量、设计风量、更换时间、预计下次更换时间、灰分、碘值、是否原位脱附、是否与设计要求相符、治理技术、更换人员、活性炭供应商等信息，完成活性炭采购更换处置记录申报。

管理端的生态环境部门管理人员可以通过 VOCs 综合管理平台“活性炭更换模块”对企业填报的活性炭更换信息进行审核，如果审核驳回，企业可以通过 App 端对未通过审核的信息进行修改，并再次上报审核。

6.4 裸土动态监管

6.4.1 卫星遥感裸土监测

采用 0.8 m 高精度卫星遥感技术，定期调度遥感卫星拍摄国控站点周边 5 km 累计 138 km^2，处理生成高分辨率遥感影像，并运用智能算法结合目视解译提取区域内在建工地及实际裸露土地，每个地块有唯一编码，分析计算裸露土地面积与占比及生态红线区域内建筑物及生态环境变化情况，区分苫盖未到位的工地和具体缺失地块。每月调度卫星拍摄宿迁市国控站点周边，处理生成亚米级分辨率卫星影像，运用智能算法结合目视解译提取裸露土地，通过几何算法结合地图投影信息计算裸露土地面积和经纬度位置等。结合影像数据、几何算法结果等对裸露土地进行综合分析，以辅助决策和指导街道办定点督促建筑工地整改。

1. 宿迁市国控站点周边裸露土地遥感监测报告

基于遥感卫星对宿迁市大气国控站点周边约 5 km 开展裸露土地情况监测，图 2-6-6 为 2022 年 11 月 27 日宿迁市国控站点周边裸露土地位置示意图，红色框为监测范围，绿色框为裸露土地，监测分析的总面积约为 138 km^2。

通过影像分析得出宿迁市国控站点周边裸露土地分布情况：2022 年 11 月 27 日，宿迁市国控站点周边监测范围内共发现裸露土地 242 块，总面积约为 20.03 km^2；2022 年 3 月 7 日，宿迁市国控站点周边监测范围内共发现裸露土地 230 块，总面积约为 20.1 km^2；与 3 月 7 日影像对比，11 月 27 日有 146 处地块发生变化，其

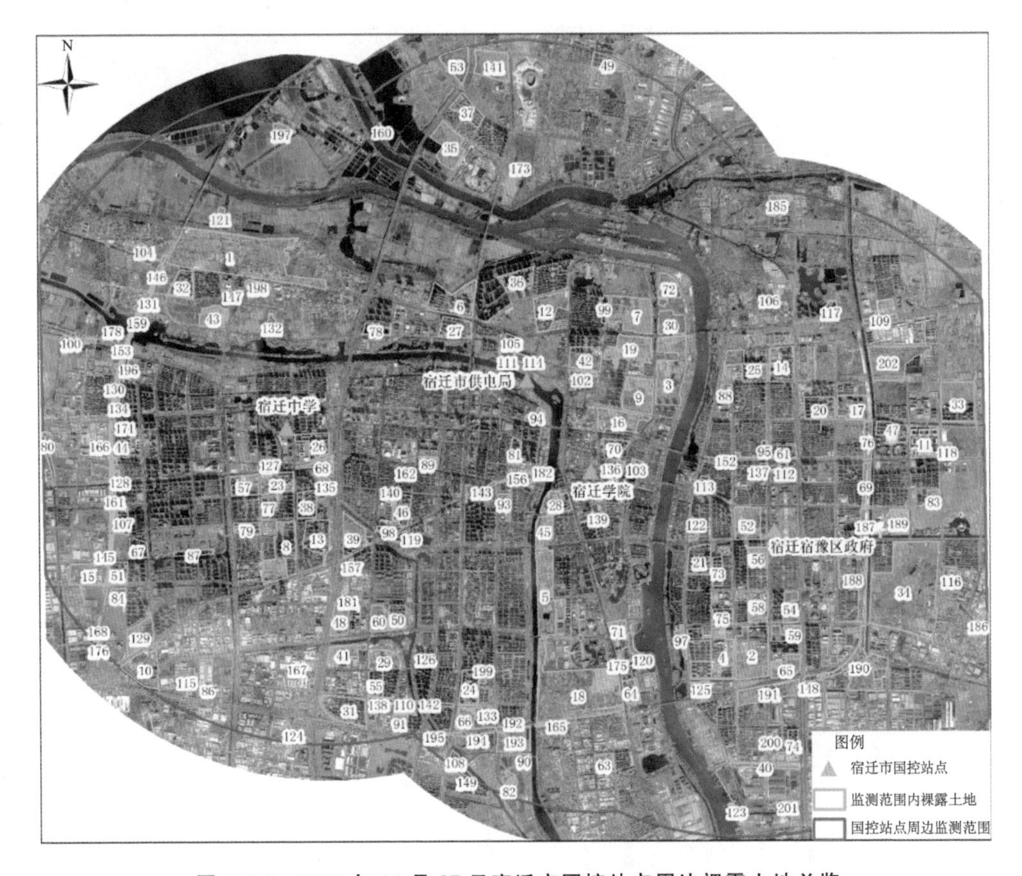

图 2-6-6 2022 年 11 月 27 日宿迁市国控站点周边裸露土地总览

中 106 块裸露土地有明显改善，40 块裸露土地（含新增 14 处）有明显退化。表 2-6-3 通过 2022 年 3 月 7 日、5 月 22 日和 11 月 27 日三个时段卫星影像对比分析部分裸露土地苫盖变化情况，可将其用于大气扬尘管控决策。

对裸露土地退化严重的地块，定期开展无人机高空拍摄，抓取扬尘管控不到位的工地与企业，筛选重点路段抓拍裸露土地未覆盖、渣土违章运输和倾倒问题，固定证据并适时曝光。

表 2-6-3 裸露土地地块影像（部分）

序号	地块编号	裸露土地面积/m²	2022 年 3 月 7 日	2022 年 5 月 22 日	2022 年 11 月 27 日
1	3	363 925			
2	9	223 184			
3	252	116 985			

第 7 章　重污染天气应对措施

7.1　闭环应急管控机制

建立健全宿迁市生态环境局大气环境处、宿迁市生态环境综合行政执法局及各支撑团队的联合研判会商机制，成立预测预报与空气质量研判分析组、溯源分析组、现场排查组及污染后评估组，明确任务分工。

污染发生前，提前 48 h 组织会商研判，溯源分析组根据未来气象条件精准溯源重点管控区域与污染源，研判形成会商意见，分解任务至每个片区（包括需要关注的重点管控区域、裸土清单、企业清单、重点路段等）。提前 2～4 d 发布预警信息，提前实施应急管控减少累积污染。污染发生时，现场排查组联合执法局根据会商意见及时采取行动，并将现场检查出的问题及时上报会商小组进行研判分析。预测预报与空气质量研判分析组利用微站、网格化与国控站点数据，实时研判站点数据变化情况，及时与现场执法互动，根据现场检查情况，总结应急管控落实效果，作出下一步管控计划，供现场排查组现场核查参考。污染发生后，污染后评估组重点分析本次污染的成因，通过用电量、在线监测数据、现场排查情况等评估应急管控落实情况，总结本次管控经验，提供后续污染天管控建议，在 1～2 d 内提交后评估报告，约谈管控不到位的片区、企业和工地。

7.2　秋冬季重污染天气应对效果评估

案例 1：2022 年 1 月 4—19 日

针对 2022 年 1 月 4—19 日宿迁市 $PM_{2.5}$ 的污染过程，基于企业用电量及排放量，污染后评估组对重污染期间应急管控效果进行了评估。1 月以来的应急管控期间，应急管控企业日均用电量约是 12 月日均用电量的 96%，降幅不显著。其中，45%的企业日均用电量环较 2021 年 12 月上升，中度、重度污染天气的日均用电量较优良天反而增加 1%～2%。应急管控企业三项污染物排放量较 12 月均值降低 2%～12%，在应急管控 1 周后，三项污染物排放量均出现不同程度抬升。

如图 2-7-1 所示，从应急管控企业清单中 791 家有用电量数据的企业总用电量来看，除元旦假期外，应急管控期间（1 月 4—19 日）日均用电量为 1 801 万 kW · h，是 12 月日均用电量的 95.6%，1 月 4—22 日每日用电量为 1 613 万～1 914 万 kW · h，是 12 月日均用电量的 85.6%～101.6%。其中，37 家重点应急管控企业日均用电量是12 月日均值的 100.3%，并且 1 月 14 日开始重点监管的企业用电量均高于 12 月日均值。分区（县）来看，宿豫区日均用电量较 12 月增加 2.9%。从行业分布来看，用电量增加量较多的行业主要分布在橡胶塑料制品业、有色金属冶炼和压延加工业，用电量分别同比增加 1.8%和 4.3%。结合空气质量来看，中度、重度污染天气的日均用电量分别较空气质量为优良时增加 1.9%和 1.3%。从企业数量来看，应急管控期间 791 家有用电量数据的企业中，45%的企业（356 家）日均用电量环比 2021 年 12 月上升，55 家企业环比增幅超过 50%。

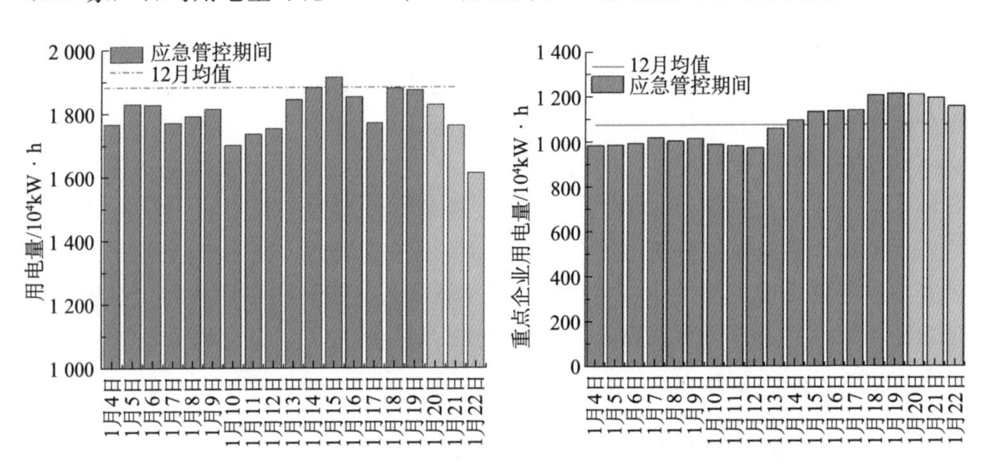

图 2-7-1　1 月以来 791 家应急管控企业用电量（左）、37 家重点应急管控企业用电量（右）

图 2-7-2 为 2021 年 1 月 1—22 日安装在线监控企业污染物日均排放量与 2020 年 12 月排放日均值。1 月应急管控期间企业 SO_2、NO_x、PM 排放量较 12 月排放均值分别降低 7%、2%、12%。在应急管控初期，企业三项污染物排放量较

12 月均值均有所降低，而自 12 日起，即应急管控 1 周后，减排力度降低，三项污染物排放量均开始抬升，且逐渐赶超 12 月均值排放。

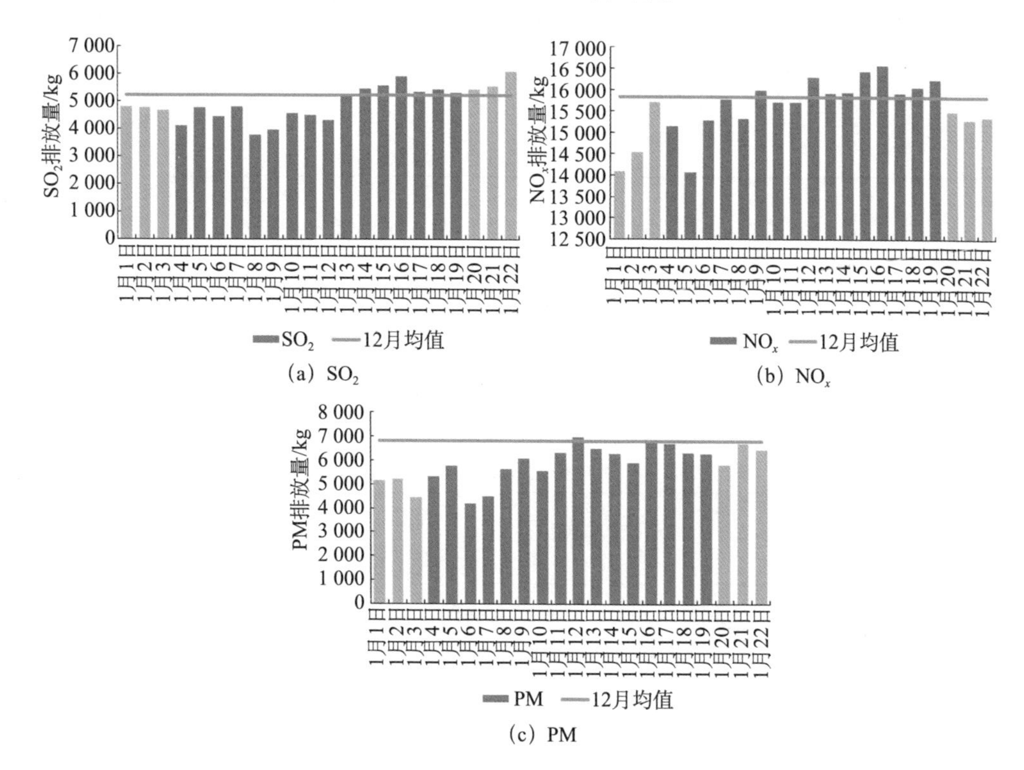

(a) SO_2　(b) NO_x　(c) PM

图 2-7-2　2021 年 1 月 1—22 日在线监控企业 SO_2、NO_x、PM 排放量

案例 2：2022 年 12 月 26 日—2023 年 1 月 9 日

2022 年 12 月 26 日—2023 年 1 月 9 日，受西北高压系统长时间滞留影响，大气长期处于静稳状态，近地面出现逆温结构，造成污染物持续积累，宿迁市共有 11 d 达轻度污染及以上水平，$PM_{2.5}$均值达 113.7 μg/m³。为有效减少内源排放，实现污染削峰，宿迁市自 2022 年 12 月 29 日 20 时起，启动重污染天气Ⅲ级（黄色）应急响应措施，并在 1 月 7 日 10 时升级为重污染天气Ⅱ级（橙色）应急响应。

如表 2-7-1 所示，黄色管控期间三项污染物分别减排 15.1%（SO_2）、7.4%（NO_x）、4.3%（$PM_{2.5}$）；橙色管控期间三项污染物分别减排 41.6%（SO_2）、31.4%（NO_x）、25.9%（$PM_{2.5}$）。总体来看，重点工业企业减排效果相对较好（尤其是橙色管控期间），工地扬尘与秸秆燃烧方面需进一步落实管控要求，移动源减排难度大，建议加大部门沟通与协商。

表 2-7-1　重污染管控期间污染物减排幅度　　单位：%

管控级别	SO_2	NO_x	$PM_{2.5}$
黄色管控	15.1	7.4	4.3
橙色管控	41.6	31.4	25.9

利用 CMAQ 模型对不同减排情景下的 $PM_{2.5}$ 减排效果进行评估，评估结果如表 2-7-2 所示。2022 年 12 月 26 日—2023 年 1 月 9 日，黄色管控期间应急减排措施约使 $PM_{2.5}$ 浓度下降 4%（约 3.1 μg/m³），橙色管控期间应急减排措施约使 $PM_{2.5}$ 浓度下降 16%（约 13.7 μg/m³）。模拟结果显示，提前 1 d 减排相对于当天减排，$PM_{2.5}$ 浓度可多下降 3%～5%，区域联防联控对 $PM_{2.5}$ 浓度下降非常关键。

表 2-7-2　不同减排情景下的 $PM_{2.5}$ 减排效果

减排情景	情景说明	$PM_{2.5}$ 浓度变化/(μg/m³)	$PM_{2.5}$ 降幅/%
CAMx _ r25	提前 2 d 减排，整个模拟区域所有污染物排放减少 25%	19.0	21.8
CAMx _ r50	提前 2 d 减排，整个模拟区域所有污染物排放减少 50%	39.2	44.9
CAMx _ o10i25	提前 2 d 减排，宿迁市内所有污染物减少 25%，其他地区污染物减少 10%	7.4	8.5
CAMx _ o25i50 _ 0	当天，宿迁市内所有污染物减少 50%，其他地区污染物减少 25%	16.6	19.0
CAMx _ o25i50 _ 1	提前 1 d 减排，宿迁市内所有污染物减少 50%，其他地区污染物减少 25%	19.2	22.1
CAMx _ o25i50 _ 2	提前 2 d 减排，宿迁市内所有污染物减少 50%，其他地区污染物减少 25%	19.9	22.8

注：基于 2021 年 12 月 9—12 日污染过程模拟减排情景，该时段宿迁市 $PM_{2.5}$ 平均浓度为 102 μg/m³。

第 8 章　$PM_{2.5}$与臭氧协同管控策略

8.1　协同管控思路

从宿迁市 $PM_{2.5}$和 O_3 成因分析结果来看，前体物 VOCs 和 NO_x 浓度双高，提高了 O_3 浓度水平，导致大气氧化性较高，进一步促进 $PM_{2.5}$的二次生成，使 $PM_{2.5}$浓度出现相对高值。应建立 $PM_{2.5}$与 O_3 污染协同控制体系，以控制 $PM_{2.5}$为抓手消除重污染天，以控制臭氧轻度污染天数为主提升优良天数比例，强化 VOCs 和 NO_x 协同减排，全年以 1∶1 的比例削减 VOCs 和 NO_x；在臭氧超标风险大的情景下，应仅削减 VOCs，实现臭氧削峰效果。

从 $PM_{2.5}$和 O_3 来源解析结果来看，沭阳县对宿迁市 $PM_{2.5}$和 O_3 的贡献高于宿迁市其他区（县），应将沭阳县作为 $PM_{2.5}$和 O_3 复合污染的优先管控区域，将宿豫区和泗阳县作为重点管控区域；交通源对宿迁市 $PM_{2.5}$和 O_3 的贡献高于其他污染源，应将其作为 $PM_{2.5}$和 O_3 复合污染的优先管控源，工业源中电力、人造板、化工等行业应作为重点管控行业。宿迁市主城区工业围城，从单位税收污染物排放绩效来看，主城区 SO_2、NO_x、PM 排放绩效水平都低于宿迁市平均水平，产业结构亟须进一步调整。从企业治理水平来看，末端治理设施设计不符合技术规范、日常运维管理不到位等问题突出。国控站点周边裸露土地面积占比较大，城市建设阵痛期扬尘污染对国控站点影响较为突出。

8.2 协同防控的路线图和时间表

8.2.1 $PM_{2.5}$ 与 O_3 协同控制目标设定

结合宿迁市空气质量现状、“十四五”规划中提出的空气质量目标，以及2035年的美丽中国、美丽江苏、美丽宿迁的远景目标，到2025年，宿迁市 $PM_{2.5}$ 浓度基本目标为35 μg/m³，奋斗目标为32 μg/m³，全市空气质量良好及以上天数比例达到78%，2028年前后 O_3 污染达到拐点，2035年 $PM_{2.5}$ 浓度力争达到24 μg/m³，空气质量实现根本性好转，2050年前后 $PM_{2.5}$ 达到15～20 μg/m³，空气质量大幅改善。

8.2.2 减排情景设计与减排潜力评估

1. 减排情景设计

本书设置3种情景：政策延续情景、强化控制情景及最大潜力情景，如表2-8-1所示。其中，政策延续情景以2021年为基准年，假设至2025年，能源消费及碳减排措施遵循现有的政策，不增加额外的约束条件，即保持目前经济发展的规模与速度，按照现有政策的减排水平，主要把经济社会发展作为排放的驱动因素；强化控制情景则在政策延续情景的基础上施加更严格的碳排放约束条件，即在考虑可持续发展、能源安全、社会经济发展的基础上，通过能源结构调整、终端用能方式转变等措施进行有针对性的低碳减排；最大潜力情景考虑目前的经济发展现状，相较强化控制情景，再进一步加大结构调整力度，达到可能的最大减排潜力。

2. 减排情景测算

以2021年宿迁市大气污染源排放清单为基数，基于政策延续情景、强化控制情景及最大潜力情景3种情景设计方案，预测2025年经济社会发展带来的新增量和各类减排措施带来的减排量。新增量包括新建项目（产能扩大、招商）、新增移动源等带来的排放量。减排量包括交通结构调整和工程减排四大类减排措施带来的减排量。后续分析中，将新建项目中由于能源使用产生的 NO_x、VOCs

表 2-8-1　情景设计

情景年份	情景名称	主要控制措施
2021	基准情景	—
2025	政策延续情景	1. 江苏省达到 2030 年碳达峰基本要求。 2. 2025 年基本完成国三柴油车淘汰（80%），国一非道机械淘汰，公共领域新能源车替代（80%）。 3. 推动低 VOCs 原料替代，加强无组织排放管理，淘汰低效末端治理设施。 4. 燃煤电厂全过程稳定达标；生物质电厂执行《燃煤电厂大气污染物排放标准》（DB 32/ 4148—2021）相关要求。 5. 淘汰 4 蒸吨以下生物质锅炉；其他锅炉达到《锅炉大气污染物排放标准》（DB 32/ 4385—2022）相关要求。 6. 加强秸秆禁烧、餐饮油烟等面源排放管控
	强化控制情景	1. 江苏省达到 2028 年碳达峰基本要求。 2. 进一步淘汰国二非道机械，推动公共领域新能源车替代（85%）。 3. 进一步强化 VOCs 排放管控。 4. 3×10^5 kW 及以上发电机组 NO_x 排放限值加严至 30 mg/m^3。 5. 锅炉 NO_x 排放限值加严至 40 mg/m^3。 6. 进一步加强秸秆禁烧、餐饮油烟等面源排放管控
	最大潜力情景	1. 江苏省达到 2026 年碳达峰基本要求。 2. 推动国四柴油车淘汰，进一步淘汰国二非道机械，推动公共领域新能源车替代（90%）。 3. 进一步强化 VOCs 排放管控。 4. 3×10^5 kW 及以上发电机组 NO_x 排放限值加严至 25 mg/m^3。 5. 锅炉 NO_x 排放限值加严至 35 mg/m^3。 6. 进一步加强秸秆禁烧、餐饮油烟等面源排放管控

新增排放量归入能源结构调整大类减排潜力中，新建项目中其他 VOCs 新增排放量归入产业结构调整大类减排潜力中，移动源新增产生的 NO_x、VOCs 排放量归入工程减排大类减排潜力中。

(1) 交通结构减排

根据减排情景设计，结合 2021 年大气污染排放清单，测算至 2025 年宿迁市交通结构的减排量。结果显示，在政策延续情景设计下，NO_x、VOCs 减排量分别为 293 t、3 031 t；在强化控制情景设计下，NO_x、VOCs 减排量分别为 378 t、1 541 t；在最大潜力情景设计下，NO_x、VOCs 减排量分别为 632 t、788 t。3 种情景下，宿城区的 NO_x 减排潜力最大，泗洪县的 VOCs 减排潜力最大。

交通结构减排是宿迁市 NO_x 减排的重点，3 种情景下交通结构减排占减排总量的比例均在 55%以上。从交通结构减排措施来看，淘汰换新为主要减排潜力来源，必须贯彻落实好“老、旧、重”污染的柴油货车、机械淘汰工作。同时各地区均需加大新能源车推广力度，尤其是提高私家车和非道路移动机械的新能源渗透率，才能实现移动源减排的长效效果。

(2) 工程减排

基于“一行一策”中涂装、化工、橡胶塑料制品、木材加工、玻璃等重点行业技术可行的治理路径研究结果，以 2021 年为基数，分政策延续情景、强化控制情景、最大潜力情景给出宿迁市至 2025 年的工程减排措施，分别测算 NO_x 与 VOCs 的减排潜力。结果显示，在政策延续情景设计下，NO_x、VOCs 减排量分别为 1 425 t、8 869 t；在强化控制情景设计下，NO_x、VOCs 减排量分别为2 034 t、12 316 t；在最大潜力情景设计下，NO_x、VOCs 减排量分别为 2 472 t、13 695 t。3 种情景下，泗阳县、沭阳县的 NO_x 减排潜力最大，沭阳县的 VOCs 减排潜力最大。

从细分措施来看，VOCs 减排潜力主要源于表面涂装行业等的工程减排措施，3 种情景下合计减排贡献均高于 70%，沭阳县减排潜力较大。NO_x 减排潜力主要源于工业锅炉和电力行业，3 种情景下合计减排贡献均高于 99%，沭阳县与泗阳县减排潜力较大。

(3) 小结

综上析述，得到 2025 年宿迁市及区（县）在 3 种情景下的 NO_x 和 VOCs 减排比。在政策延续情景下，宿迁市 VOCs 减排略有不足（11.1%），而 NO_x 的减排缺口较 VOCs 更大（9.5%），主城区宿城区和宿豫区的 NO_x 减排比例分别为 6.2%、4.4%，VOCs 减排比例分别为－4.9%、－4.7%，当前政策的减排潜力基本耗尽；在强化控制情景下，宿迁市 NO_x、VOCs 减排比例分别达到 17.2%、22.7%，NO_x 减排潜力主要来自泗阳县和泗洪县，VOCs 减排潜力主要来自沭阳县和泗洪县，主城区减排潜力相对较小；在最大潜力情景下，宿迁市 NO_x、VOCs 减排比例分别达到 32.8%、28.0%。

如图 2-8-1 所示，从不同减排措施来看，能源结构调整对 NO_x 减排具有一定贡献，3 种情景下减排贡献为 0～10%；对 VOCs 减排贡献较小，3 种情景均不足 2%。产业结构调整对 NO_x 减排具有一定贡献，3 种情景下减排贡献为 0～10%；但化学纤维、装备制造、新能源交通工具制造等涉 VOCs 排放行业的迅速发展，对 VOCs 减排造成负影响，3 种情景下减排贡献均为负，尤其是对政策延续情景的贡献为－56.1%。在政策延续情景下，交通结构调整引起的 NO_x 和 VOCs 减排量分别占减排总量的 55.6%和－9.8%，VOCs 减排占比为负，即新增排放量大于减排量，减排措施的 VOCs 减排力度显著不足；在强化控制情景下，交通结构调整引起的 NO_x 和 VOCs 减排量占减排总量的比例分别提升了 2.3 个百分点和 11.1 个百分点，分别达到 57.9%和 0.3%；在最大潜力情景下，交通结构调整引起的 NO_x 和 VOCs 减排量占减排总量的比例分别提升了 8.6 个百分点和 3 个百分点，分别达到 66.5%和 3.3%。工程减排在 3 种情景下的 VOCs 减排量对减排总量的贡献均达到 100%及以上，表明其他措施的 VOCs 减排力度不足或减排潜力有限，工程减排是宿迁市 VOCs 减排的主要措施。

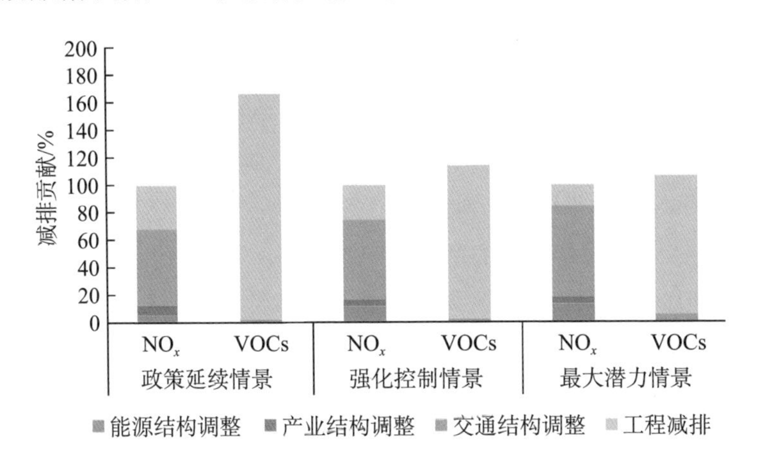

图 2-8-1　各类措施减排贡献

3. 可达性评估

根据不同情景下 NO_x 和 VOCs 的减排比例，对本书使用的原始清单进行减排处理，并以 2021 年气象条件为基础进行计算，评估 2025 年 3 种情景下的 VOCs、NO_x 减排潜力对空气质量改善的效果。空气质量模拟结果如表 2-8-2 所示，在政策延续情景与强化控制情景下，宿迁市 2025 年 $PM_{2.5}$ 年均浓度分别可改善至 36.6 μg/m³、34.4 μg/m³，$PM_{2.5}$ 达标率分别达到 91%、92%；在最大潜力情景下，深度减排可使宿迁市 2025 年 $PM_{2.5}$ 年均浓度降至 32 μg/m³ 以下，$PM_{2.5}$ 达标率达到 94%。在政策延续情景与强化控制情景下，宿迁市 2025 年日最大 8 h O_3 浓度第 90 百分位值分别可改善至 146.4 μg/m³、144.2 μg/m³，O_3 达标率分别达到 94%、94%；在最大潜力情景下，宿迁市 2025 年日最大 8 h O_3 浓度第 90 百分位值可改善至 140 μg/m³ 以下，O_3 达标率达到 95%。

表 2-8-2　宿迁市人为大气污染减排对宿迁市空气质量的影响

情景名称	$PM_{2.5}$ 年均浓度/(μg/m³)	$PM_{2.5}$ 达标率/%	日最大 8 h O_3 浓度第 90 百分位值/(μg/m³)	O_3 达标率/%
政策延续情景	36.6	91	146.4	94
强化控制情景	34.4	92	144.2	94
最大潜力情景	31.8	94	139.0	95

8.2.3　空气质量中长期协同防控路线图和时间表

基于空气质量达标可行性分析结果，在政策延续情景下的减排比例不能满足宿迁市空气质量改善目标要求，要达成“十四五”期间空气质量目标（$PM_{2.5}$ 年均浓度：35 μg/m³），必须加大工业结构调整、运输结构调整和能源结构调整力度，在“散乱污”企业综合整治的基础上加大电力、建材、化工等“两高”行业过剩产能出清和压减力度，加大主城区污染高经济低效益行业和区（县）“小集群”结构调整力度，进一步降低非化石能源消费占比、煤炭占一次能源比重，推动燃煤锅炉、生物质锅炉淘汰，在国三及以下柴油车基本淘汰的基础上推动国四柴油车和国二及以下非道路移动机械的淘汰。同时，工程减排方面，电力行业完成超低排放改造并实现稳定达标排放，工业锅炉、工业炉窑推动超低排放减排，石化、化工、医药、储运、涂装、印刷等涉 VOCs 重点行业完成全过程深度治理并逐步采用发达国家的最佳污染治理技术，加强机动车遥测与 OBD 监管，农业和溶剂使用源得到有效控制。

2025 年以后，以碳达峰、碳中和为引领，将推动全社会能源结构与产业结构发生重大变革。建议优先实施减污降碳协同效益显著的治理措施，包括提升可再生能源利用比例，推动高耗能行业尽早达峰，实施新的“绿车轮计划”，推动各行业节能改造等。同时，推动电力行业持续应用最佳污染控制技术，玻璃行业进一步友好减排，化工行业进一步深度治理并推进 LDAR 降低无组织泄漏水平，溶剂使用行业推进源头替代比例及过程治理，其他行业全面实行产业集群综合治理，机动车遥测与 OBD 监管水平进一步提升，加强运输大户监管。最终实现 NO_x、VOCs 等大气污染物与二氧化碳协同减排，空气质量深度持续改善。宿迁市按照“1.5℃目标”要求实施绿色发展，结合运输结构调整、产业结构调整措施，宿迁市 $PM_{2.5}$ 浓度在 2030 年可力争达到 27～28 μg/m³，在 2035 年可力争达到 24～25 μg/m³。2035 年后，末端治理效率基本耗尽，结构减排效果进一步凸显，到 2050 年 NO_x 减排预计可达到 70%及以上，将越过 EKMA 曲线拐点，实现 $PM_{2.5}$ 与臭氧污染大幅改善，宿迁市将以全面保障公众健康为宗旨，对标世界卫生组织相关标准，推动空气质量实现根本改善。图 2-8-2 与表 2-8-3 分别展示了宿迁市中长期空气质量改善路径与宿迁市不同行业的中长期空气质量改善具体措施。

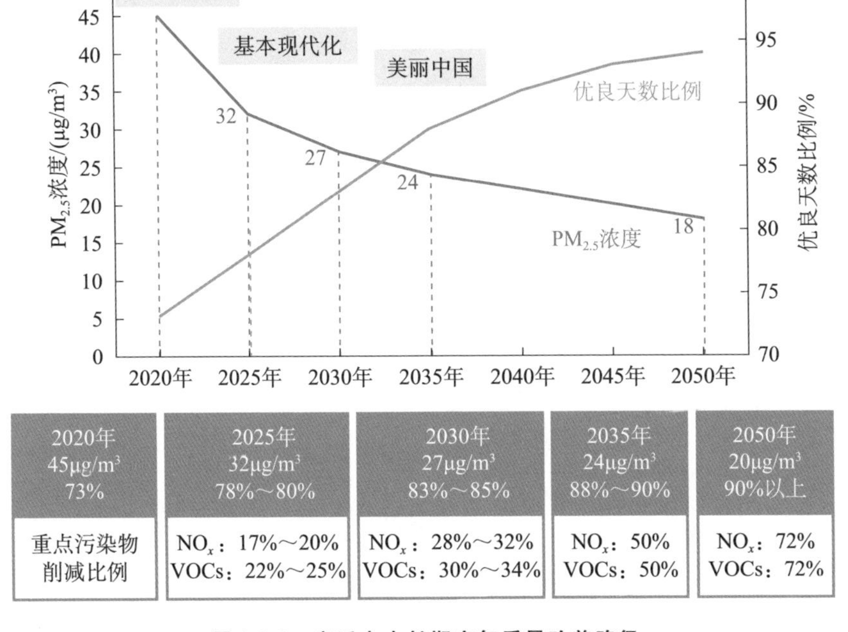

2020年 45μg/m³ 73%	2025年 32μg/m³ 78%～80%	2030年 27μg/m³ 83%～85%	2035年 24μg/m³ 88%～90%	2050年 20μg/m³ 90%以上
重点污染物削减比例	NO_x：17%～20% VOCs：22%～25%	NO_x：28%～32% VOCs：30%～34%	NO_x：50% VOCs：50%	NO_x：72% VOCs：72%

图 2-8-2　宿迁市中长期空气质量改善路径

表 2-8-3 宿迁市中长期空气质量改善措施

<table>
<tr><th rowspan="2">行业</th><th colspan="3">中长期空气质量改善措施</th></tr>
<tr><th>2025 年</th><th>2030 年</th><th>2035 年</th></tr>
<tr><td rowspan="2">电力</td><td colspan="3">产业结构调整、过剩产能出清，推动碳达峰</td></tr>
<tr><td colspan="2">宽负荷脱硝、友好减排</td><td>持续应用最佳污染控制技术</td></tr>
<tr><td rowspan="2">玻璃</td><td colspan="3">产业结构调整、过剩产能出清，推动碳达峰</td></tr>
<tr><td>完成超低排放改造、无组织排放改造</td><td colspan="2">全行业深度减排，加强氨排放控制</td></tr>
<tr><td rowspan="2">锅炉</td><td colspan="3">淘汰燃煤锅炉、小生物质锅炉</td></tr>
<tr><td>达标排放</td><td colspan="2">全行业深度减排，加强氨排放控制</td></tr>
<tr><td rowspan="2">化工</td><td colspan="3">产业结构调整，推动碳达峰</td></tr>
<tr><td>全过程深度治理并逐步采用发达国家的最佳污染治理技术</td><td colspan="2">采用发达国家的最佳污染治理技术，推进 LDAR 降低无组织泄漏水平</td></tr>
<tr><td rowspan="2">工业涂装、印刷</td><td colspan="3">主城区工业涂装、印刷行业企业结构调整</td></tr>
<tr><td>全过程深度治理</td><td colspan="2">推进源头替代比例及过程治理，采用国外先进工艺技术</td></tr>
<tr><td rowspan="2">木材加工</td><td colspan="3">区（县）木材行业小集群结构调整、集聚提升</td></tr>
<tr><td>全过程深度治理</td><td colspan="2">推进源头替代比例及过程治理，采用国外先进工艺技术</td></tr>
<tr><td rowspan="2">其他工业</td><td colspan="3">“散乱污”综合整治、基本清零；主城区橡胶塑料、建材等污染高经济低效益行业结构调整</td></tr>
<tr><td colspan="3">全面实行产业集群综合治理</td></tr>
<tr><td rowspan="2">移动源</td><td>国三（含）以下柴油车淘汰，推广国四柴油车、国二非道路移动机械淘汰；公共领域新能源推广</td><td colspan="2">推广国四柴油车、国二非道路移动机械淘汰；中重型新能源载货汽车、新能源非道路移动机械试点</td></tr>
<tr><td colspan="3">机动车遥测与 OBD 监管、加强运输大户监管</td></tr>
</table>

8.3　“十四五”管控策略与解决方案

“十四五”期间，宿迁市处于VOCs主导的协同控制阶段，应以VOCs减排为重点，强化VOCs与NO_x协同减排，夏季VOCs和NO_x减排比例至少达到1∶1，争取达到1.2∶1，保障O_3浓度达标、$PM_{2.5}$浓度达标，提升优良天数比例。

1. 强化产业结构调整，逐步改善“工业围城”现象

根据排放绩效较低的区（县）、行业，分阶段逐步推动产业结构调整。一是宿迁市主城区“工业围城”现象突出，橡胶塑料制品行业、建材行业、金属制品行业排放强度高而经济贡献相对较低，且排放超标、无组织控制措施不到位等现象突出，需逐步推动此类企业搬迁或关停，优化产业结构，推动资源要素更多地向优势企业、优势项目倾斜，做大做强优质产业。二是区（县）小木材、小家具产业集聚，生物质锅炉与燃气锅炉数量较多，中小型生物质锅炉污染问题较为突出，建议强化集中供热等基础设施建设，推动产业结构优化调整。

2. 推动主城区高架源NO_x深度治理与治理设施运维优化

统筹安排主城区电力、建材等重点高架源友好减排工作，加快推进能源结构调整、热电整合等工作，针对排放浓度高与治理效率相对较低的重点区（县）或重点企业进一步扩大友好减排实施范围，鼓励非电行业积极申报中央环保资金帮扶进行友好减排技术改造，通过优化低氮燃烧、增加催化剂用量、改用优质催化剂、高效喷氨混合和流场优化、增大除尘器过滤面积、选用优质高效除尘滤袋、静电除尘+湿电除尘、电袋复合除尘+湿电除尘等技术实现NO_x和PM长期持续友好减排。深入开展友好减排效果评估，从治理设施改造设计合理性、改造前后效率变化、改造技术长期运行稳定性等方面着重进行评估，对具有示范意义的企业实施友好减排奖励，持续推进友好减排政策向在线监测数据质量较好的非电行业扩大。

3. 持续推动溶剂使用行业清洁原料替代与绿色转型

在全面实施国家强制性涂料、胶黏剂、清洗剂、油墨产品标准的基础上，综合考虑行业特征与经济技术可行性，分阶段、分行业推广实施低VOCs含量原辅料，按照《低挥发性有机化合物含量涂料产品技术要求》（GB/T 38597—2020）的要求，实现木材加工、涂装、印刷等重点领域涂料、胶黏剂、油墨低VOCs

化，对批建不符、虚假“油改水”等违规使用溶剂型原辅材料的要坚决予以查处。推动高新区建设活性炭集中处理中心，沭阳县、泗阳县产业集群建设集中喷涂中心和活性炭集中处理中心、主城区汽车钣喷中心等“绿岛”项目建设，探索建立活性炭全生命周期管理模式。

4. 实施重点行业 VOCs 全过程深度治理

针对目前 VOCs 治理中出现的关键环节无组织排放严重、低效末端治理设施占比偏高、末端治理设施运维管理不到位等问题，应提出分行业、分环节、系统规范的整治要求以及完善的跟踪评估制度，按批次开展 VOCs 治理“一企一策”，采用“方案制定+技术评估+跟踪推进”三段式渐进技术路线，推动重点行业企业照表施治，完成“一企一策”提标改造，实现全过程深度治理。推广活性炭“码上换”管理模式，将活性炭使用、更换等信息录入二维码系统，全流程跟踪企业活性炭使用及更换记录，督促企业足量、及时更换活性炭。

5. 强化“散乱污”企业系统整治，严防反弹

狠抓“散乱污”企业整治。以农村、城乡接合部、行政区交界等区域为重点开展排查，组织实施定点定向督查，对新发现的“散乱污”企业，发现一起、查处一起、整治一起。实行“正面清单”管理模式。将完成整改的企业列入正面清单，对新发现的“散乱污”企业建档立册，并及时纳入管理台账。开展整治情况“回头看”。持续保持查处高压态势，适时组织“回头看”，严防已被淘汰和清理的“散乱污”企业异地转移、反弹回潮，确保“散乱污”动态清零。

6. 加快推动国三及以下柴油车和高排放非道路移动机械淘汰，强化移动源管控

加快推动全市国三及以下柴油车全部淘汰，鼓励主城区推动国四柴油车淘汰和高排放非道路移动机械淘汰。针对非道路移动机械，尽快摸清宿迁市非道路移动机械底数，推动城区非道路移动机械编码登记。通过智慧工地联网、OBD 柴油车在线监控系统、增加执法检查频次等手段，加大移动源监控监管力度，减少无通行证、未按通行证标明时段和路段通行、排放超标、非法运输、抛撒滴漏、带泥上路、冒黑烟等违规违法行为。

7. 加强区域联防联控

臭氧污染多为区域性污染，在加强本地源排放管控的同时应强化区域联防联控。一是加大重污染期间区域尺度协同控制，特别是提前 1 d 进行精准控制，突出预报的重要性；二是强化 VOCs 和 NO_x 协同控制，重点关注跨省传输的相互影响。

第 9 章 “一市一策”管控成效

9.1 监测监控能力大幅提升

在全面梳理宿迁市环境空气监测能力状况及现有六参数常规监测能力的基础上，陆续补充了大气超级站、VOCs 自动站、工业园区站、网格监测站等监测设备，支撑并完善宿迁市大气二次污染监测网络；为提升非现场智慧监管能力，集成动态排放清单、小尺度溯源、异常高排放企业筛选等技术成果，构建“分析研判—精准溯源—问题交办—定点执法”监管系统，实现大气污染物智能监管“一网通”。

随着气溶胶激光雷达、VOCs 在线监测仪、重金属元素与水溶性离子监测仪等先进装备的引入，主城区 100 个降尘缸、11 套机动车尾气遥感监测系统的建成，以及 10 273 个点位治理设施用电监控与 2 215 家餐饮油烟数据联网预警，宿迁市持续补齐监测短板、筑牢感知基础，大气环境监管能力大幅提升。

9.2 研究成果落地成效

项目执行期间跟踪评估 40 余个大气污染过程，发布空气质量预报预警报告 110 余份，形成移动源、高架源、生物质锅炉等各类污染源管控方案与措施建议 20 余份，协助市生态环境局编制并出台相关政策文件 10 余项。将宿迁市调查发现的工业企业氨逃逸问题进一步形成省级专报，推动全省开展氨排放调查工作，并在深度减排过程中关注氨逃逸问题。

污染防治攻坚战从“坚决打好”到“深入打好”，宿迁市在“一市一策”研究团队的支持下，确定了“强源头治理、盯大户减排、促集群提升”的工业源治理策略，坚持用源头治理思维推动治污减排。沭阳县“苏匠喷涂绿岛”、泗阳县“绿享喷涂中心”项目接连落地，工业“绿岛”的建设为周边 50 余家企业提供共享喷涂服务与污染治理设施，破解中小企业“治污要赔，不治要停”的困境，年减排 VOCs 超过 350 t。江苏雅泰产业园有限公司采用先进的机器人喷涂技术，无组织废气收集效率从以往人工喷涂的 50%提升至 90%；江苏阿尔法药业股份有限公司投资超过千万元，新增废气收集点位 219 个，安装高效蓄热式热力焚化炉（RTO）与火炬燃烧治理设施，VOCs 减排超过 50 t。江苏蓝色玻璃有限公司治理设施由“SNCR 脱硝+干法脱硫+布袋除尘”变更为“干法脱硫+布袋除尘+低温 SCR 脱硝”，NO_x 从原来的大幅波动排放实现稳定达标排放，改造后 NO_x 平均排放浓度由 91 mg/m^3 降至 22 mg/m^3。改造后氨水用量从 10 t/d 降至4 t/d，氨水用量减少 60%，氨逃逸由原来的 1 515 mg/m^3（峰值）降至 8 mg/m^{3}以下。培育绿色标杆示范企业 14 家，通过正面清单管理、应急管控豁免、污染防治资金等正向激励措施，推动重点企业主动提标改造并发挥示范作用，引导企业绿色转型升级，减排效果如表 2-9-1 所示，NO_x 减排 416.4 t、排放浓度削减 40.4%，NH_3 排放浓度削减 70%，有效缓解了中心城区“工业围城”的压力。

表 2-9-1 主城区 14 家重点企业 NO_x 减排效果

企业	治理前（2021 年）	治理后（2023 年）
NO_x 排放浓度/（mg/m^3）	60.7	36.1
NO_x 排放量/t	719.7	303.3
NH_3 排放浓度/（mg/m^3）	32.7	9.71

9.3 空气质量改善成效

2022 年宿迁市 $PM_{2.5}$ 浓度为 37 μg/m^3，较 2020 年减少 8 μg/m^3，由“十三五”全省排名第 11 跃升为全省排名第 3；O_3 浓度为 169 μg/m^3，由“十三五”全省排名第 13 跃升为全省排名第 2；优良天数比例为 73.8%，由全省排名第 13 跃升为全省排名第 3。2022 年宿迁市全年降尘量同比改善 24.4%，改善幅度为全省排名第 3；秋冬季降尘量同比改善 30.0%，改善幅度为全省排名第 1。2022 年宿迁市 $PM_{2.5}$ 在 52 个“一市一策”城市（群）中排名第 8，较 2020 年上升 5 位次；

O_3在52个城市（群）中排名第18，较2020年上升9位次；地区生产总值居全国第70位，排名较2020年上升9位次，第一次摆脱江苏末位，进一步夯实了高质量绿色发展的底色（图2-9-1）。

图2-9-1　宿迁市的蓝天白云

第三篇　徐州篇

第1章　引　言

徐州市是典型的资源型城市和重要的老工业基地之一，NO_x、VOCs 等大气污染物排放强度居江苏省前列，$PM_{2.5}$浓度高，排名长年居全省末位，是全省大气污染控制重点地区。2018 年以来，徐州市以 $PM_{2.5}$ 与臭氧协同控制为重要抓手，在产业转型和结构升级上取得了卓越成就。由过去的煤炭、煤化工和煤电产业转型到现在的现代装备制造业、新材料和新医药产业，徐州市的工业行业实现了蓬勃发展，四大行业大气污染减排取得了显著效果。此外，徐州市在江苏省内率先迈出了实现重型车电动化的步伐，积极推动新能源重型车的应用，建设配套换电站等基础设施。NO_x 与 VOCs 排放量大幅削减，空气质量改善成效显著，实现对全省空气质量从“反向拉平均”到“正向作贡献”。

第 2 章　城市特点与污染特征

2.1　城市概况

徐州市位于江苏省西北部，东接连云港市、宿迁市，南接安徽省宿州市、淮北市，北邻山东省的菏泽市、济宁市、枣庄市、临沂市。地处暖温带季风气候区，四季分明、雨热同期。作为区域性中心城市和全国综合交通枢纽，徐州是一座成长型的城市。

2.2　社会经济

近 10 年，徐州市经济持续增长。2023 年地区生产总值达 8 900.44 亿元，按可比价计算，比上年增长 7.1%。全市产业结构整体呈优化趋势。2023 年三次产业比重为 8.7∶40.7∶50.6。从江苏全省来看，2023 年徐州市地区生产总值位居全省第 6、苏北第 1。尽管近年来产业结构不断优化升级，但是三次产业比重仍低于江苏省平均水平（2023 年为 51.6%）。

作为江苏省煤炭基地，徐州市的煤炭开采历史已有 100 多年，是全国基础能源供应基地之一。20 世纪 80 年代至 21 世纪初，徐州年均煤炭开采量在 2 000 万 t 以上，曾有大小煤矿 300 余座。鼎盛时期，徐州曾经为江苏省贡献 80%以上的煤炭、60%以上的电力、40%以上的钢铁建材，然而这种发展模式也带来了资源枯竭、生态环境恶化等沉重代价。

偏重的工业结构带来了较大的货物运输需求量，约 70%的货运周转量依靠公路运输。徐州市钢铁、焦化、电力、水泥等行业企业数量众多，煤炭、矿建等物资运输密集，如图 3-2-1 所示，其中外省运输占 72%，达 3 020 万 t。其中，山西省运输占 33%，其次为内蒙古运输（18%）、陕西省运输（17%）、河南省运输（13%）、安徽省运输（7%）以及其他（12%）。2018 年公路货运量达 2.12 亿 t，为全省占比最高（15%），约是全省平均水平的 2 倍。徐州重型货车基数大，重工业的废气排放和重型货车尾气中的 NO_x、VOCs 等大气污染物排放强度居江苏省前列，对 $PM_{2.5}$ 与臭氧污染有着直接影响。

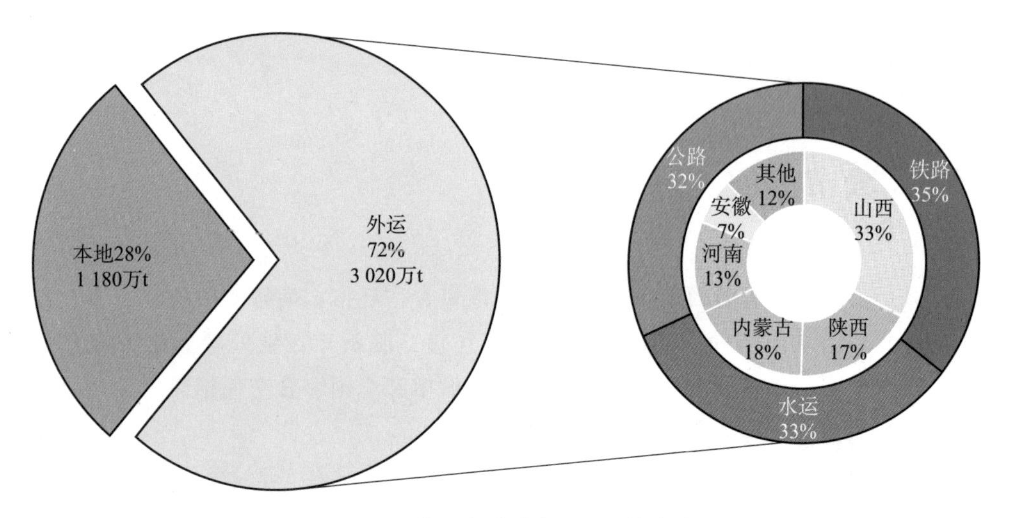

图 3-2-1　徐州市煤炭来源和运输方式

第 3 章　$PM_{2.5}$与臭氧污染特征与来源解析

3.1　大气污染特征

3.1.1　PM 污染问题突出，秋冬季污染过程频繁

2015—2017 年徐州市为江苏省唯一一个 $PM_{2.5}$浓度增长的城市，2017 年徐州市 $PM_{2.5}$年均浓度为 66 μg/m^3，PM_{10}年均浓度为 119 μg/m^3，在江苏省排名倒数第 1，PM 污染问题严重。2013—2017 年徐州市区 $PM_{2.5}$月均浓度及月超标天数变化如图 3-3-1 所示，秋（11 月）冬（12 月至次年 2 月）季节 $PM_{2.5}$月均浓度均超过《环境空气质量标准》（GB 3095—2012）二级标准日均浓度 75 μg/m^3，污染较重，2017 年 12 月至次年 2 月的月超标天数均高于 16 d，超标天数占全年 $PM_{2.5}$超标天数的 57%，月均浓度为 90～107 μg/m^3，是《环境空气质量标准》（GB 3095—2012）二级标准年均浓度的 2.5～3 倍。近年来，徐州市 $PM_{2.5}$和 PM_{10}的年均浓度有所下降，2022 年 $PM_{2.5}$和 PM_{10}年均浓度同比分别下降 5.5%、1.3%。

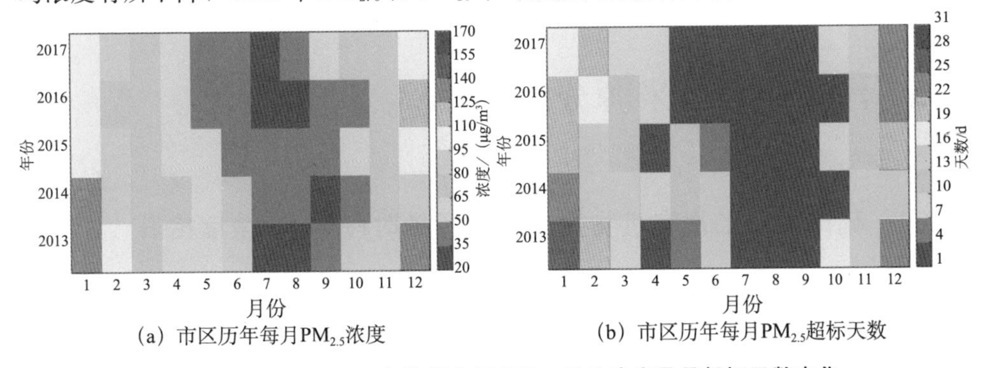

（a）市区历年每月$PM_{2.5}$浓度　（b）市区历年每月$PM_{2.5}$超标天数

图 3-3-1　2013—2017 年徐州市区 $PM_{2.5}$月均浓度及月超标天数变化

3.1.2 臭氧升幅显著，成为影响优良天数比例的主要因子

2015—2022 年江苏省各设区（市）臭氧浓度均呈先升高后下降的趋势，整体而言，苏北城市臭氧浓度上升幅度高于沿江城市。图 3-3-2 为 2015—2022 年徐州市大气污染物浓度年际变化，2015—2022 年，PM_{10}、$PM_{2.5}$、SO_2、NO_2、CO 年均浓度均呈逐年上升趋势，O_3 8 h 第 90 百分位年均浓度均高于 140 μg/m³。2015 年徐州市臭氧浓度为省内最低，2017 年上升为省内第 2，市区臭氧超标时段提前至 4 月，臭氧作为首要污染物天数占比达 38.7%，农科院站点与桃园路站点臭氧污染最为严重。2017—2022 年徐州市臭氧浓度持续波动，但超标日早发、持续时间长的特点与宿迁市类似，2022 年臭氧污染天较 2017 年开始时间提前 6 d，结束时间延后 14 d，臭氧作为首要污染物天数占比达 55.1%，成为影响徐州市空气质量优良天数比例的主要因素。

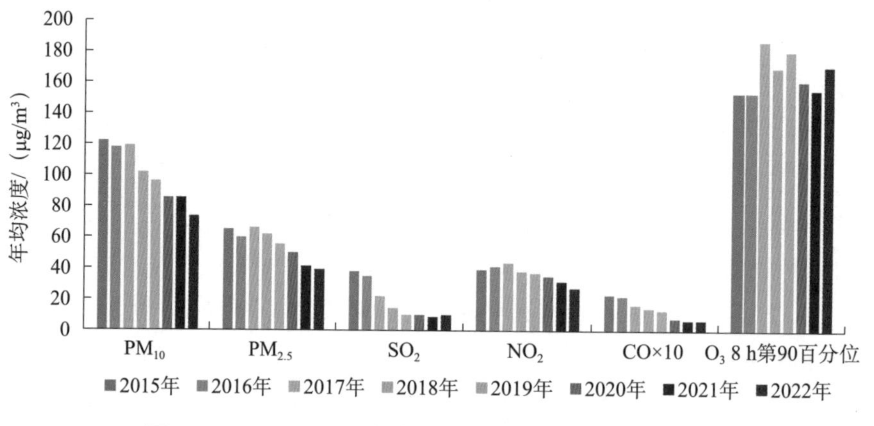

图 3-3-2 2015—2022 年徐州市大气污染物浓度年际变化

3.2 污染成因与来源分析

3.2.1 硝酸盐、二次有机物抬升主导污染时段 $PM_{2.5}$浓度抬升

2017 年以来，硝酸盐、二次有机物等二次组分占徐州市 $PM_{2.5}$浓度的 70%以上，污染过程中 $PM_{2.5}$浓度上升主要与前体物二次转化有关。以秋季 $PM_{2.5}$污染过程为例，9 月至 10 月中旬徐州市 $PM_{2.5}$浓度同比抬升 22.2%，$PM_{2.5}$浓度绝对

值和抬升幅度与周边城市相比均处于高位。超级站 $PM_{2.5}$组分数据显示，二次无机离子、OC、元素碳（EC）等 $PM_{2.5}$主要组分浓度均同比抬升，其中二次有机物、硝酸盐和铵盐对 $PM_{2.5}$浓度增量的贡献较高，分别为 24.3%、23.7%和 23.1%。污染时段（$PM_{2.5}$>75 μg/m³）硝酸盐、二次有机物浓度平均贡献占比分别为 30.3%、12.8%，较清洁时段（$PM_{2.5}$≤35 μg/m³）分别抬升 8.3 个百分点、4.1 个百分点，占比升幅显著高于其他组分。

3.2.2　臭氧受 VOCs 控制

2017 年，徐州市 VOCs 在线监测能力尚未形成，鉴于 CO 与 VOCs 有较好的相关性，使用 CO 代替 VOCs 进行分析。选取黄河新村站点与淮塔站点 2016 年 4—10 月观测数据进行分析。两站点的各污染物变化形势一致，NO_2浓度接近。淮塔站点 O_3浓度与 CO 浓度高于黄河新村站点，而 NO 浓度较低，臭氧本地生成能力较强。分析所有时次的 O_3、NO_x 与 CO 的关系，我们发现高 O_3浓度主要出现在高 CO/NO_x 区，散点分布偏向 CO 一侧，表明徐州的 O_3可能处于 VOCs 控制区，O_3浓度对 NO_x 浓度变化不敏感，臭氧高值易出现在较低 NO_x 浓度与较高 CO 浓度时间段。

3.2.3　$PM_{2.5}$浓度抬升受生物质燃烧排放影响较为突出

生物质燃烧排放是二次有机物组分浓度抬升的重要来源。新城区颗粒物含碳组分分析结果显示，在 OC 与 EC 高比值时段内，OC 与钾离子相关性可达 0.8，钾离子浓度是生物质燃烧的重要示踪物，生物质燃烧是新城区站点大气颗粒物的重要污染源之一。如表 3-3-1 所示，9 月至 10 月中旬，时间序列分析显示多次 $PM_{2.5}$快速抬升伴随钾离子浓度和占比同步抬升的现象，同时生物质燃烧源对 $PM_{2.5}$贡献占比抬升 20 个百分点左右。

表 3-3-1　生物质燃烧过程中 $PM_{2.5}$浓度和钾离子浓度变化

时间	$PM_{2.5}$浓度变化	钾离子浓度（占比）变化	生物质燃烧源对 $PM_{2.5}$贡献占比变化
9 月 11 日 17 时—12 日 5 时	30 μg/m³→81 μg/m³	0.33 μg/m³→1.97 μg/m³ 占比抬升 1.4 个百分点	21.0%→41.0%
10 月 8 日 17 时—9 日 1 时	20 μg/m³→45 μg/m³	0.13 μg/m³→1.24 μg/m³ 占比抬升 2.1 个百分点	11.5%→60.2%

续表

时间	$PM_{2.5}$ 浓度变化	钾离子浓度（占比）变化	生物质燃烧源对 $PM_{2.5}$ 贡献占比变化
10 月 10 日 17—23 时	22 μg/m³→ 46 μg/m³	0.11 μg/m³→1.13 μg/m³ 占比抬升 2.0 个百分点	19.9%→37.2%

3.2.4 区域传输是影响本地 $PM_{2.5}$ 浓度的重要因素

徐州市位于苏皖鲁豫交界城市群核心区位，在不利气象条件下，空气质量极易受到毗邻地区污染排放的影响。基于拉格朗日粒子扩散模式（LPDM）颗粒污染溯源模型，结合徐州市污染源排放清单，以铜山区为主要研究对象，分析徐州市 2017 年 $PM_{2.5}$ 来源情况。2017 年江苏省平均贡献 40.97%，其次是安徽（32.04%）、山东（17.21%），其他省级行政区贡献均不足 5%。从徐州市内各区（县）来看，铜山区本地贡献 21.95%，其余各区（县）为 0.37%～2.64%。区域传输是影响徐州市 $PM_{2.5}$ 浓度的重要因素。

3.3 VOCs 污染特征与来源解析

为探究臭氧污染控制关键前体物 VOCs 的来源，2018 年 5 月、8 月和 10 月，我们对徐州市黄河新村、新城区和农科院监测点位展开环境空气样品 VOCs 加密采集工作。其中黄河新村站点和新城区站点采用苏玛罐离线监测，合计监测 17 d，获得 182 个环境样品。农科院站点采用在线监测，合计监测 31 d，获得 541 个环境样品。

3.3.1 VOCs 浓度及时空分布特征

采样期间，徐州市 VOCs 日平均浓度如图 3-3-3 所示，VOCs 平均浓度水平为 27.9±18.5 ppbv①。5 月、8 月和 10 月采样期的 VOCs 总体浓度水平呈递减趋势，但绝对值差异不大。

① 1 ppbv=10^{-6}/22.4。

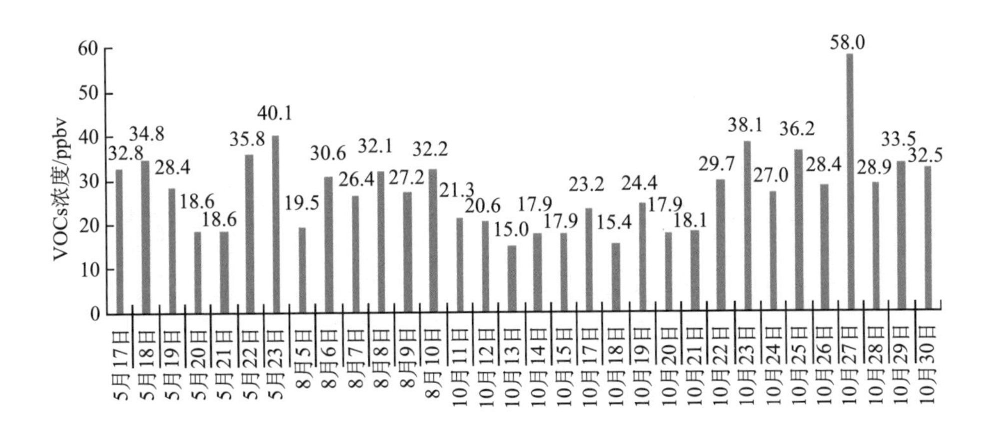

图 3-3-3　徐州市采样期间 VOCs 日平均浓度

3.3.2　VOCs 化学组成特征

如图 3-3-4 所示，烷烃是徐州市 VOCs 最主要的成分，平均浓度为 10.4 ppbv，在 TVOC 中占比达 37.4%。其次为 OVOCs，平均浓度为 5.3 ppbv，占比达 19.2%。此外，卤代烃和芳香烃的占比也较大，分别占 TVOC 的 15.6%和 13.2%。

徐州市居前 5 位的 VOCs 物种是丙酮、乙烷、丙烷、乙烯和正丁烷，平均浓度分别为 4.0 ppbv、3.0 ppbv、2.1 ppbv、1.7 ppbv 和 1.6 ppbv。

农科院站点同样烷烃占比最高，烷烃平均浓度为 11.1 ppbv，占 TVOC 浓度的 38.7%。其次为 OVOCs（15.7%）、芳香烃（15.6%）和卤代烃（14.6%）。农科院站点居前 5 位的 VOCs 物种与全市前 5 位的 VOCs 物种完全一致，同样为丙酮、乙烷、丙烷、乙烯和正丁烷，平均浓度分别为 3.3 ppbv、3.2 ppbv、2.3 ppbv、1.9 ppbv 和 1.8 ppbv。

黄河新村站点与新城区站点 VOCs 组分分布特征较为类似，均表现为烷烃>OVOCs>卤代烃>烯烃>芳香烃>炔烃>其他。两个站点的烷烃占比分别为 32.4%和 33.8%，与农科院站点较为接近。与农科院站点相比，黄河新区站点、新城区站点分布特征的不同之处主要在于 OVOCs 和芳香烃组分占比。OVOCs 来源包括一次排放和光化学反应二次转化，黄河新村站点与新城区站点 OVOCs 的占比均超过 30%，约为接近农科院站点水平的 2 倍。而两个站点的芳香烃占比分别为 5.4%和 5.2%，约为农科院站点水平的 1/3。黄河新村站点居前 5 位的 VOCs 物种是丙酮、乙烷、丙烷、乙炔和四氯化碳，平均浓度分别为 6.5 ppbv、2.9 ppbv、1.9 ppbv、1.2 ppbv 和 1.2 ppbv。而新城区站点居前 5 位的 VOCs 物

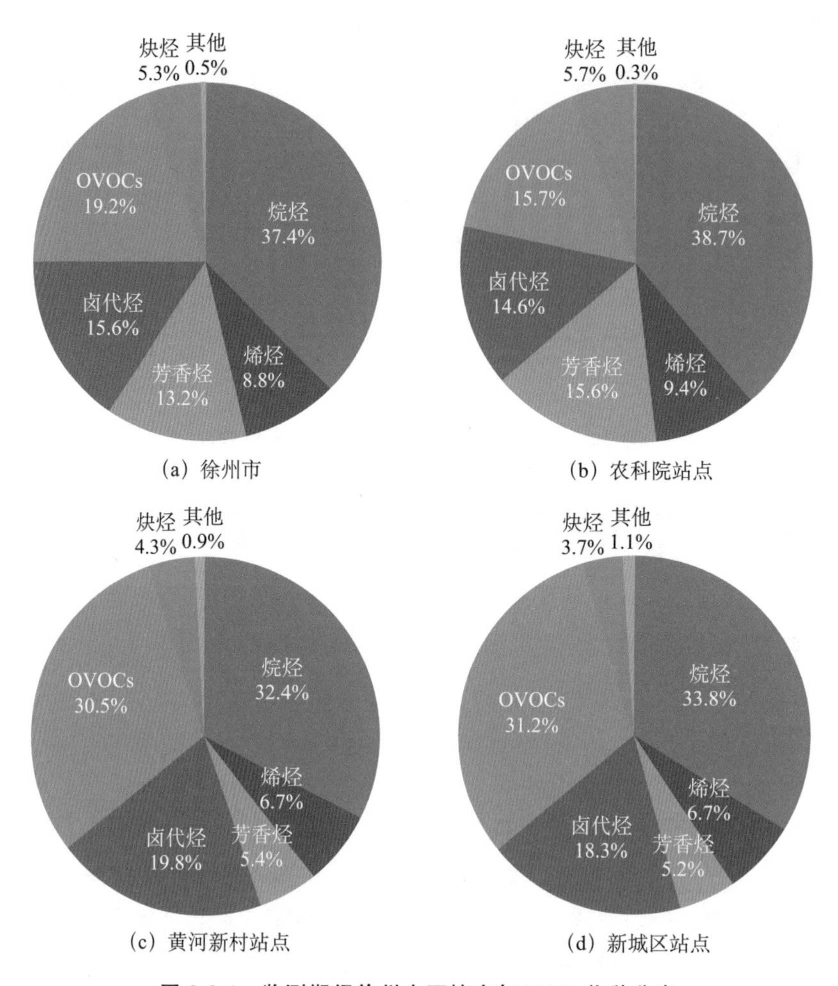

图 3-3-4 监测期间徐州市环境空气 VOCs 物种分布

种是丙酮、乙烷、丙烷、正丁烷和异丁烷，平均浓度分别为 5.7 ppbv、1.9 ppbv、1.7 ppbv、1.5 ppbv 和 1.2 ppbv。

3.3.3 VOCs 对臭氧生成的贡献

以臭氧前体混合物（PAMs）的最大增量反应活性（MIR）值计算徐州市的 OFP。结果表明，监测期间，徐州市 PAMs 物种的 OFP 值为 68.7 ppbv，其中芳香烃由于具有较强的活性，对徐州市 OFP 的贡献最高，贡献高达 62.1%。烯烃的活性也较强，受浓度的影响，烯烃对徐州市 OFP 的贡献相对较低，为 22.1%。尽管烷烃的臭氧反应活性较低，但烷烃在环境中的浓度水平较高，因此对臭氧生成的贡献也不容忽视。烷烃贡献占比为15.2%。炔烃对OFP的贡献很小，几乎可以忽略不计，仅占0.6%。

图3-3-5为监测期间徐州市PAMs物种的OFP贡献组成分布。由图可见，在不同时间段，烷烃和炔烃对OFP的贡献基本保持稳定，而芳香烃和烯烃的波动较大。5月，徐州市芳香烃平均浓度为6.2 ppbv，对OFP的贡献比例达76.1%。而8月和10月芳香烃平均浓度分别降至2.6 ppbv和2.9 ppbv，对OFP的贡献比例也分别降至49.4%和53.5%。类似地，由于浓度水平的变化，烯烃在10月和8月的OFP贡献比例分别是5月的3.9倍和3.5倍。

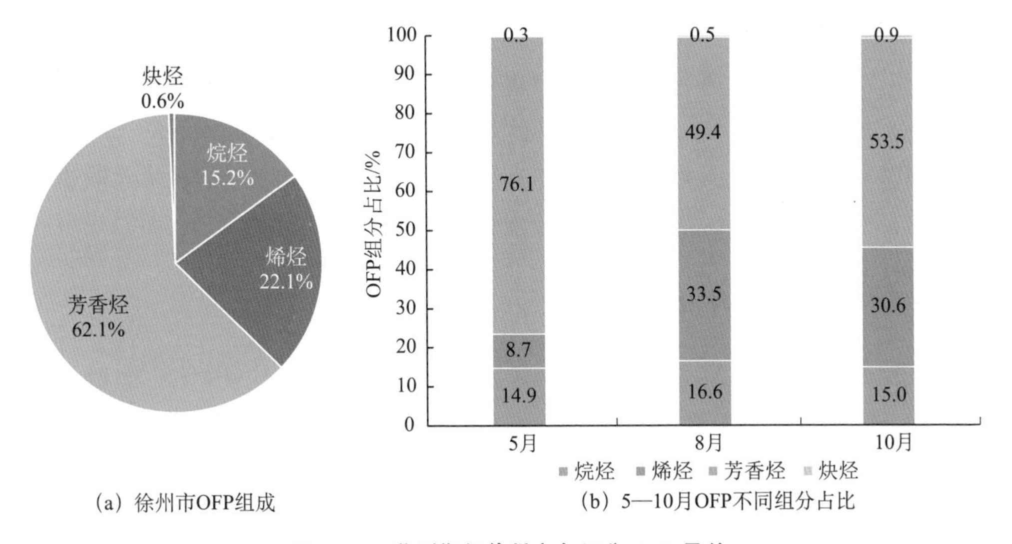

图3-3-5 监测期间徐州市各组分OFP贡献

分站点来看，尽管各站点间VOCs浓度水平差异相对较小，但PAMs物种的OFP值差距较大。黄河新村站点、新城区站点和农科院站点的OFP值分别为34.6 ppbv、29.2 ppbv和81.0 ppbv。农科院站点显著高于其他两个站点，分别是黄河新村和新城区站点的2.8倍和2.3倍。图3-3-6为各站点不同VOCs组分对OFP贡献占比。由图3-3-6可见，黄河新村站点和新城区站点不仅VOCs浓度水平接近，而且其不同组分VOCs对臭氧生成的贡献比例也十分类似，均为烯烃>芳香烃>烷烃>炔烃，且烯烃与芳香烃的贡献程度较为接近。农科院站点对臭氧生成贡献最大的组分为芳香烃，贡献比例高达65.6%。其次为烯烃，贡献20.1%。因此，黄河新村站点与新城区站点应重点管控烯烃类与芳香烃类物质的排放，而农科院站点应重点管控芳香烃类物质的排放。

监测期间，徐州市贡献前10位的物种为间/对二甲苯、1,2,4-三甲苯、乙

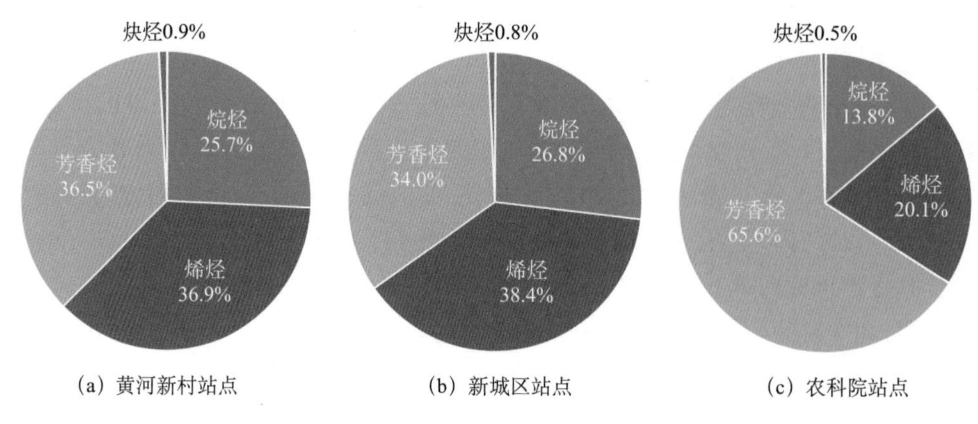

(a) 黄河新村站点　(b) 新城区站点　(c) 农科院站点

图 3-3-6　各站点 VOCs 组分 OFP 贡献占比

烯、邻二甲苯、甲苯、异戊二烯、乙苯、间乙基甲苯、丙烯和正丁烷。这 10 种物质对总 OFP 的贡献为 71.9%，其中排名前 3 的间/对二甲苯、1,2,4-三甲苯和乙烯对总 OFP 的贡献均超过 10%，分别为 19.4%、11.0%和 10.3%。

3.3.4　VOCs 来源解析结果

利用正定矩阵因子分解（Positive Matrix Factorization，PMF）模型，以 2018 年 5—10 月徐州市观测的非甲烷碳氢化合物（NMVOCs）为基础，定量分析碳氢化合物的来源。结果显示，汽车尾气、溶剂使用和工业排放是徐州市 VOCs 的主要来源。汽车尾气排放对农科院站点、新城区站点及黄河新村站点 VOCs 的贡献均可达 60%以上，溶剂使用和工业排放对 VOCs 的贡献为 28.2%～34.5%。

基于 PMF 来源解析结果，针对徐州市臭氧生成贡献前 5 位的关键物种——间/对二甲苯、1,2,4-三甲苯、乙烯、邻二甲苯、甲苯开展来源分析。如图 3-3-7 所示，徐州市间/对二甲苯和邻二甲苯来源结构相似，均主要来源于溶剂使用和工业排放，对臭氧生成的贡献分别是 69.19%和 77.16%，其次来源于汽车尾气排放（其中汽油车尾气排放对臭氧生成的贡献分别是 15.18%和 11.31%，柴油车尾气排放对臭氧生成的贡献分别是 13.71%和 8.81%），生物排放对臭氧生成的贡献最低，仅占约 2%。91.19%的 1,2,4-三甲苯来源于溶剂使用和工业排放。乙烯主要来源于汽车尾气排放（约 72%），其中汽油车和柴油车分别贡献 37.93%和 33.40%；其次是溶剂使用和工业排放，贡献为 26.44%，生物排放贡献为 2.23%。大部分甲苯来源于汽车尾气排放（约 58%），其中汽油车和柴油车分别贡献25.75%和22.78%；其次是溶剂使用和工业排放，贡献为46.93%，生物排放最低，仅4.53%。

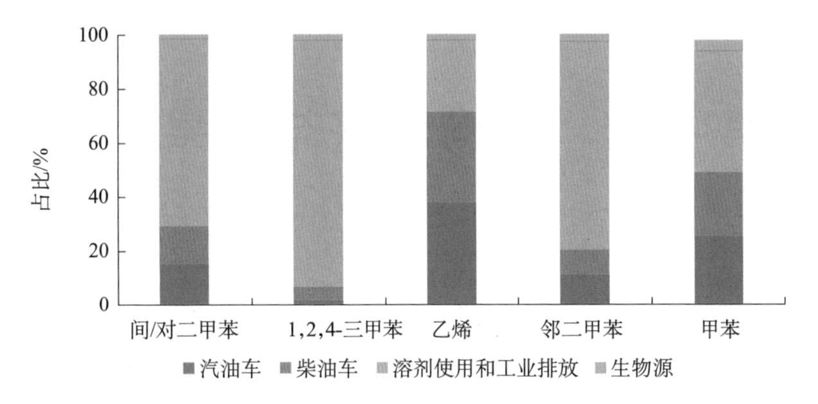

图3-3-7 徐州市关键物种来源解析

徐州市木材加工企业数量庞大，主要集中在邳州、铜山与睢宁等区（县），监管基础较为薄弱，胶黏剂使用量较高，最终释放的VOCs量也较高，木材加工业VOCs排放约占工业源排放总量的21.7%。其次，炼焦和化工行业生产工序流程较长，VOCs释放环节较多，其排放量分别占工业源排放总量的11.9%和11.6%。电力、钢铁、玻璃制品和水泥行业等燃烧源VOCs排放量占工业源排放总量的21.9%。除此之外，工业涂装行业由于有涂料的使用，因此对VOCs也有较高的贡献，且涉及多个行业，其中机械制造、家具制造和交通运输设备制造对工业源VOCs的贡献率分别为5.8%、2.9%和2.9%。

现场核查调研企业发现，VOCs排放行业存在废气治理方案不合格，无组织废气收集不完全，储罐、废水环节收集处理不到位，末端治理技术效率低，设施运行维护不到位，固体废物处理困难，企业环保人员素质有待提高，例行监测频次低，第三方检测报告质量较差等问题，VOCs治理水平仍较为粗放。

第 4 章　结构调整与效果评估

4.1　四大传统工业排放贡献突出

根据 2017 年大气污染物排放清单结果，工业源中，SO_2 主要来自电力、炼焦、钢铁和砖瓦行业，贡献率分别为 55.0%、14.6%、14.2%和 8.4%。NO_x 主要来自电力、钢铁和水泥行业，贡献率分别为 56.9%、17.4%和 13.5%。另外，炼焦和玻璃制品行业也有一定贡献，其贡献率分别为 4.4%和 3.6%。$PM_{2.5}$ 和 PM_{10} 主要来自电力、钢铁、水泥和炼焦行业，其中对 $PM_{2.5}$ 的贡献率分别为 28%、31.1%、16.2%和 14.1%；对 PM_{10} 的贡献率分别为 29.7%、29.5%、17.3%和 11.9%。

结合调研、督查、地方自查等多种形式，2017 年，由行业专家、管理专家、执法专家等组成专业驻点团队，综合运用专家咨询、问题排查、便携式设备检测、颗粒物走航、VOCs 走航、雷达平扫等先进技术手段，多次对重点企业进行摸排，分析重点行业存在的主要问题。

4.1.1　重工业产能占比偏高

根据 2016 年江苏省环境统计数据，徐州市电力企业数量占全省的 11.9%，居全省第 3 位，发电量占全省发电总量的 14.1%，居全省第 2 位。徐州熟料企业产量占全省总量的 24.6%，居全省第 2 位；水泥粉磨企业产量占全省总量的 17.4%，居全省第 1 位。徐州集中了苏北地区的大部分粉磨企业和全部熟料企业。徐州独立焦化企业数量最多，占全省总数的 85%，焦炭产量占全省的 86.8%。根据江苏省钢铁行业协会统计数据，2017 年徐州市共有钢铁冶炼企业

18家，占全省的41%，苏北地区70%以上的钢铁冶炼企业都集中在徐州。

4.1.2　相对落后产能占比偏高

2017年以前，徐州市钢铁、焦化、电力、水泥、砖瓦等重点行业普遍存在相对落后产能比例偏高的问题。钢铁企业中属于国家产业政策限制类的烧结机占全市总量的81%，高炉占全市总量的87.5%，全市有60%以上的企业入炉焦比超过全国平均水平，最高超出38%；焦化企业中属于产业政策限制类、年产能不足100万t的企业约占30%，炭化室高度不足5.5 m的焦炉约占22%；砖瓦行业属于限制类的烧结砖生产线占50%，仍然存在淘汰类的轮窑生产线；属于限制类的胶合板和细木工板生产线占30%。全市排查出“散乱污”企业1万多家。2016年，徐州市水泥熟料产量仅次于常州市，占全省总产量的24.6%（常州为28.3%），但徐州市企业数量却是常州的2倍多，存在企业规模小、分散、管理困难等问题。

4.1.3　企业空间布局不合理

徐州市的电力、钢铁、水泥、焦化、砖瓦、玻璃等大气污染重点企业中有66%集中分布在铜山区和贾汪区，且大部分位于城市主导风向上风向，极易加重城区空气污染。

2017年徐州市共有电厂26家，主要集中分布于铜山区、沛县、贾汪区、徐州市经济技术开发区和邳州市。钢铁冶炼企业主要分布于铜山区和贾汪区，几乎都分布于城市主导风向的上风向，常年都会不同程度地影响城市空气质量。经测算，在钢铁企业全部达标排放的状态下，冬季对城区$PM_{2.5}$的浓度贡献仍高达8.4 μg/m^3。焦化企业主要分布于贾汪区、铜山区和沛县。徐州市熟料及水泥粉磨企业主要位于贾汪区、铜山区、徐州市经济技术开发区，65%的企业集中分布于城市主导风向上风向。

4.2　重型货车清洁化水平

根据2017年排放清单结果，从移动源整体来看，机动车对全市移动源NO_x的排放贡献最大，贡献占比为55.8%，机动车对全市移动源VOCs的排放贡献占比与农业机械相当，为 33.7%。从全市不同车型污染物排放占比来看，重型货车和小型客车分别为徐州市机动车 NO_x 和 VOCs 的主要排放来源，重型货车的 NO_x 排放对全市机动车的 NO_x 排放贡献占比为 61.9%，小型客车的 VOCs 排放对全市机动车的 VOCs 排放贡献占比为 50.5%。

如图 3-4-1 所示，徐州市重型货车中，国三及以下车保有量占 64.3%，超过 3 万辆，其 NO_x 排放量占重型货车排放总量的 72%；小型客车中，国四车保有量最多，约占 37.3%，其 VOCs 排放量约占小型客车排放总量的 28.5%；国三、国四车保有量约占 69.6%，其 VOCs 排放量约占小型客车排放总量的 46.1%。徐州市钢铁、水泥等重点行业柴油车运输量大，通过对典型企业的 NO_x 浓度走航发现，部分企业存在明显的高排放时段和高值区，如典型钢铁企业高排放时段集中在夜间，下风向 NO_x 浓度显著偏高。

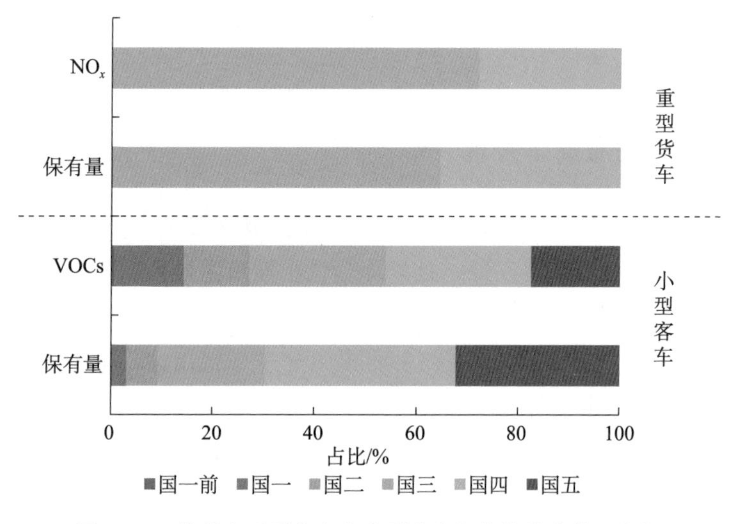

图 3-4-1 徐州市重型货车和小型客车污染物排放情况分析

国三重型柴油车本身负荷排放相对高于车型更小的车辆；其次，排放高主要是由于其采用相对陈旧的柴油发动机技术和设计，这些发动机缺乏现代化的排放控制技术，导致燃烧过程中废气排放量较高；此外，这些车辆还存在燃烧效率低的问题，导致燃烧不完全，进一步增加了尾气排放。国三车的尾气处理装置通常采用氧化催化器（DOC）和颗粒捕集器（DPF），用于减少 CO 和 PM 的排放，缺少国六柴油车 SCR 系统，对 NO_x 的减排效果极其有限，各方面因素导致国三重型车尾气中的大气污染物排放水平较高。面对保有量基数大、经济成本高而政策激励不足、配套设施不完善的情况，淘汰国三柴油车、推动车队电动化等工作面临较大挑战。

在用车量大、面广，管控困难，油品、工况、车辆劣化、驾驶行为等因素都会导致排放超标的情况发生。以尿素消耗异常现象为例，自国四排放标准实施起，为达到更加严格的 NO_x 排放标准，尿素-SCR技术被应用到柴油车的尾气处理中，要充分发挥该技术的净化功能需足量使用车用尿素。现场测试结果显示，在同工况条件下，相同车龄的国五标准柴油货车，比未加尿素车辆的 NO_x 排放浓度高出9～10倍。国家大气重污染成因与治理攻关项目的研究成果显示，相比使用车用尿素，在未加尿素的情况下，国四柴油车 NO_x 排放高出3～4倍、国五柴油车 NO_x 排放高出6～7倍；国六新车在尿素换水的情况下，NO_x 排放增加17.6倍。

第5章　$PM_{2.5}$与臭氧管控路径

以2017年为基准年，在社会经济发展预测的基础上，研究徐州市$PM_{2.5}$与臭氧协同管控路径。若采取基本减排情景，徐州市完成蓝天保卫战相关要求［① 35蒸吨/h及以下燃煤锅炉全部淘汰或实施清洁能源替代，65蒸吨/h及以上的燃煤锅炉全部完成节能和超低排放改造，燃气锅炉基本完成低氮燃烧改造；② 钢铁行业烧结机和球团焙烧设备颗粒物、SO_2、NO_x浓度分别达到20 mg/m^3、50 mg/m^3、100 mg/m^3，冶金铸造行业的炼钢、轧钢工序污染排放控制按照钢铁行业相关标准要求执行；③ 全面执行《挥发性有机物无组织排放控制标准》（GB 37822—2019）以及家具、汽车等方面江苏省地方标准；④ 全面供应符合国六标准的车用汽柴油，加速高排放老旧车辆淘汰；⑤ 县（市）城区机械化清扫率达到80%及以上；⑥ 开展30万kW及以上热电联产电厂供热半径30 km范围内的燃煤锅炉和小热电关停整合；⑦ 实施重污染天气应急强化管控；⑧ 推进工业炉窑综合治理，确保各项污染物达标排放；⑨ 加强柴油货车治理等要求］。但采取基本减排情景无法实现2020年$PM_{2.5}$浓度达到55 μg/m^{3}和优良天数比例达到65%的阶段约束性目标。因此，徐州市必须在完成蓝天保卫战相关要求的基础上，额外完成结构优化升级任务。

在基本减排情景的基础上，徐州市进行产业结构优化升级，全面淘汰国三及以下柴油货车，并实施精细化扬尘管控。在产业与交通结构升级情景下，NO_x与VOCs应减排25.6%～35.8%，到2025年，徐州市可完成$PM_{2.5}$浓度达到45 μg/m^{3}的约束性目标，优良天数比例预计可达70%～71%。各污染物浓度平均减排比例为32.0%，其中$PM_{2.5}$、NO_2和O_3下降比例平均可达到32.6%、45.0%和7.2%。

要实现六项污染物全面达标，在产业与交通结构升级情景的基础上，徐州市需要采取全要素深化减排情景，实施NO_x和VOCs协同减排，全面优化能源结构，大幅提升清洁能源使用比例，构建清洁低碳的高效能源体系；升级工艺技术，优化工艺流程，提高各行业清洁化生产水平；加大 VOCs 管控力度，大力推动重点行业低 VOCs 含量原辅料替代；优化运输结构，完成高排放船舶淘汰，大幅提升新能源汽车比例，强化车船排放监管；深挖电力、钢铁行业减排潜力，进一步推进热电整合；优化调整用地结构，全面推进面源污染治理；建立健全监测监控体系，不断完善城市空气质量联合会商、联动执法和跨行政区域联防联控机制，推进 $PM_{2.5}$与臭氧协同控制。在此情景下，2030 年徐州可实现 $PM_{2.5}$浓度 35 μg/m³ 的目标，SO_2、NO_2、O_3、$PM_{2.5}$和 PM_{10}的平均减排比例为 43.0%，其中 $PM_{2.5}$的平均减排比例可达 47.1%。不同情景方案下空气质量模拟结果见表 3-5-1。

表 3-5-1　不同情景方案下空气质量模拟结果　　单位：%

减排情景	污染物	1 月	4 月	7 月	10 月
基本减排情景	SO_2	43.80	44.40	44.50	58.00
	NO_2	15.70	17.40	16.70	20.90
	O_3	−0.10	2.90	3.30	7.10
	$PM_{2.5}$	10.70	15.90	15.90	16.30
	PM_{10}	13.70	17.40	17.00	18.50
产业与交通结构升级情景	SO_2	48.10	50.20	49.90	62.40
	NO_2	41.40	46.10	44.90	47.50
	O_3	−3.80	7.50	14.20	10.90
	$PM_{2.5}$	27.20	34.80	32.50	35.70
	PM_{10}	31.00	36.30	33.70	37.50
全要素深化减排情景	SO_2	60.30	59.70	59.10	67.20
	NO_2	45.10	46.20	46.00	41.10
	O_3	5.20	14.10	18.30	20.70
	$PM_{2.5}$	45.20	52.30	44.10	46.70
	PM_{10}	44.90	52.70	44.60	47.20

结合徐州市产业结构、污染物排放特征与空气质量改善路径研究结论，完成国家与江苏省要求的蓝天保卫战相关措施无法实现空气质量改善目标，$PM_{2.5}$与臭氧协同控制的关键是实施产业结构与交通结构调整，实现 NO_x 与 VOCs 大幅减排。

第 6 章　结构调整与效果评估

6.1　四大行业结构调整与效果评估

基于空气质量改善路径研究成果，在充分调研、反复研究的基础上，2018 年 5 月，徐州市政府正式印发转型升级方案，以钢铁、焦化、水泥、电力四大传统支柱产业为重点，加快 115 家重点工业企业布局优化和转型升级，实现产业集中式布局、减量化发展和绿色化改造，2020 年 6 月底完成淘汰和压减任务，取得了显著效果。

6.1.1　产业结构调整措施

1. 促进整合提升

2018—2020 年，徐州市完成了钢铁行业企业优化整合，压减炼铁、炼钢产能，通过关停拆除、搬迁转移、产能整合等措施形成了大型钢铁联合企业。通过关闭退出、搬迁转移等方式，对全市焦化企业进行整合并形成综合性焦化企业。引导城市周边水泥粉磨和熟料企业转移退出，并整合形成大型熟料和粉磨企业。

2. 加大淘汰力度

排查建成区范围内煤炭等重污染企业，尽快完成建成区重污染企业搬迁。截至 2020 年年底，主动退出 14 对矿井，化解煤炭产能 800 万 t 左右。开展“散乱污”企业排查和整治工作，建立管理台账，实施分类处置，查处一起清理一起。对“散乱污”企业集群，制订统一的整改方案，并将其向社会公开，对标先进企业，明确整改标准。“散乱污”企业升级改造完成后，经过相关部门会签同意后方可投入生产。持续开展“回头看”，做好列入关停类的“两断三清”，防止死灰复燃。

3. 强化准入要求

严格执行国家、江苏省产业结构调整限制、淘汰和禁止目录、行业准入要求、清洁生产标准，以及徐州市“三线一单”，严格区域环境准入条件。将主体功能区划、生态红线作为产业布局的前提条件，合理确定重点产业发展布局、结构和规模。严格执行落实规划环境影响评价制度。新建高耗能项目单位产品（产值）能耗要达到国际先进水平。

严格执行钢铁、水泥等行业产能置换实施办法。除公用燃煤背压机组外不再新建燃煤发电、供热项目。禁止新建 35 蒸吨/h 及以下的燃煤锅炉。严格审批新建煤气发生炉项目，实施减量置换。严格把好铸造建设项目源头关口，严禁新增铸造产能建设项目。

对新增“煤改气”项目，要坚持增气减煤同步，以气定改。原则上不再新建天然气热电联产项目。新建天然气项目必须加装低氮燃烧装置，燃气机组实施深度脱氮。严格审批新建煤气发生炉项目，实施减量置换。

4. 加强园区循环化改造与污染防治

推进园区循环化改造。从空间布局优化、产业结构调整、资源高效利用、公共基础设施建设、环境保护、组织管理创新等方面，推进现有各类园区实施循环化改造。截至 2020 年年底，徐州市省级以上开发区和所有化工园区全部实施循环化改造。

聚焦工业园区，大幅提升区域污染防治能力，对开发区、工业园区、高新区等进行集中整治，加强环境基础设施标准化建设，大幅提升污染物收集、污染物处置和生态环境监测监控能力。提升园区清洁能源供应保障能力，定期开展环境绩效评价。工业园区全部完成集中供热改造或清洁能源替代。

6.1.2　产业结构调整效果评估

1. 污染企业数量大幅减少

电力行业：徐州市对热电企业密集地区进行了大热电机组 15 km 供热半径范围内的燃煤小热电企业关停整合和清洁能源替代，大型机组完成烟气综合治理改造，小热电企业完成超低排放和烟气综合治理改造。截至 2019 年年底，全市 24 家燃煤电厂整合后剩余燃煤电厂 15 家。

钢铁行业：徐州市通过引导城市北区钢铁企业逐步转移或退出，实现钢铁行业“两升两降两优化”，即装备水平大幅提升、产业集中大幅提升、污染排放大幅下降、能耗水平大幅下降、产品结构明显优化、产品布局明显优化。经过行业整治，全市钢铁企业优化整合后剩余 2 家大型钢铁联合企业（3 个生产点）。

焦化行业：徐州市通过重点引导城市周边焦化企业逐步转移或退出，实现“一减一优双下降”（焦化产能大幅减少、产业布局明显优化、污染排放大幅下降、能耗水平大幅下降）。转型升级后，截至 2019 年年底，11 家焦化企业已关停、拆除 3 家，整合后全市剩余 3 家焦化企业。

水泥行业：徐州市重点引导城市北区水泥粉磨和熟料企业转移退出，实现“一退一减”，大幅退出熟料产能、大幅削减粉磨企业，推动水泥工业向新型建筑建材产业转型，产业迈进中高端，全面实现高质量发展。转型升级后，全市约 60%的水泥企业拆除设备，约 10%关停转迁，62 家水泥企业最终整合为 15 家。

2. 行业区域布局明显优化

四大行业转型升级前，众多大气重污染企业位于徐州市主导风向的上风向，极易造成城区空气污染。2020 年 6 月底，徐州市区的钢铁企业除 1 家集团外全部关闭退出或搬迁转移；市区的焦化企业全部搬迁转移或关闭退出；市区的水泥企业超过 90%搬迁转移或关闭退出，剩下的分别整合为 2 家大型粉磨企业和 2 家大型熟料及粉磨企业，开发区全面退出水泥产业，全市粉磨产能大幅减少。

3. 化解产能成效明显

2020 年 6 月底，钢铁炼铁、炼钢产能从 2017 年的 2 701.7 万 t 压减到 2 674 万 t，下降 1.0%；全市焦炭产能从 2017 年的 1 569 万 t 减至 796 万 t，下降 49.3%；水泥行业熟料和粉磨产能分别下降 24.2%和 50.7%。全市 24 家燃煤电厂，完成 9 家大机组 15 km 半径范围内落后热电机组的“关、停、改燃”，全市减少燃煤装机容量 75.9 万 kW。

4. 空气质量改善成效显著

四大行业经产业转型升级后，SO_2、NO_x、$PM_{2.5}$、PM_{10}、TSP、VOCs 的排放量分别降低 30.11%、20.26%、29.59%、29.76%、16.67%、14.71%。如图 3-6-1 所示，钢铁和焦化减排最为突出。

基于四大行业布局优化和转型升级前后的排放量，结合 2019 年徐州市冬季

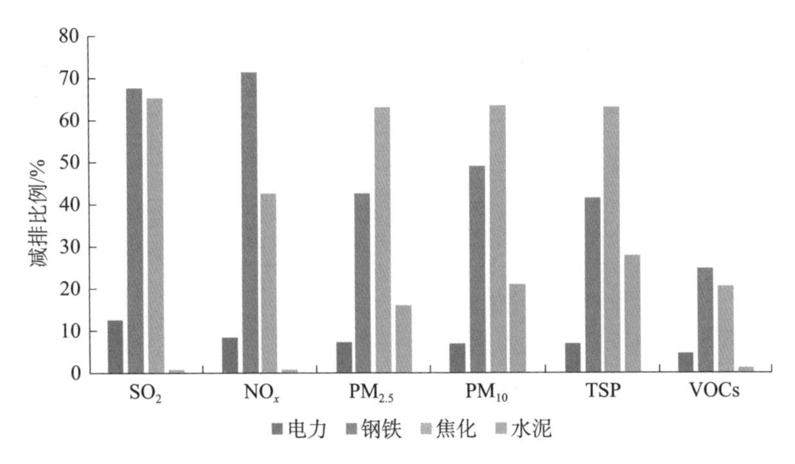

图 3-6-1　徐州市四大行业转型升级后的减排比例

重污染期间的气象参数数据（2019 年 12 月 1—21 日），基于 CALPUFF 模型，分析徐州市四大行业转型升级对 7 个国控站点 $PM_{2.5}$、SO_2 和 NO_x 浓度的影响。

图 3-6-2 模拟结果表明，通过四大行业转型升级，重点行业对徐州市 7 个国控站点的贡献如下：$PM_{2.5}$ 的平均浓度从 5.17 μg/m³ 降至 2.95 μg/m³，降幅达 42.94%；SO_2 的平均浓度从 5.52 μg/m³ 降至 3.05 μg/m³，降幅达 44.75%；NO_x 的平均浓度从 5.37 μg/m³ 降至 3.81 μg/m³，降幅达 29.05%。从对站点的影响来看，四大行业转型后，铜山区招生办站点 $PM_{2.5}$、SO_2 的降幅最为显著，新城区站点 NO_x 的降幅最为显著。

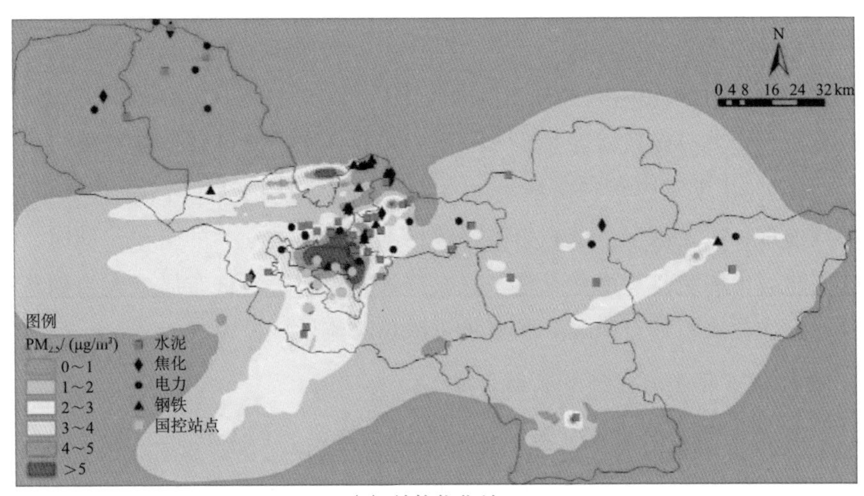

(a) 结构优化前

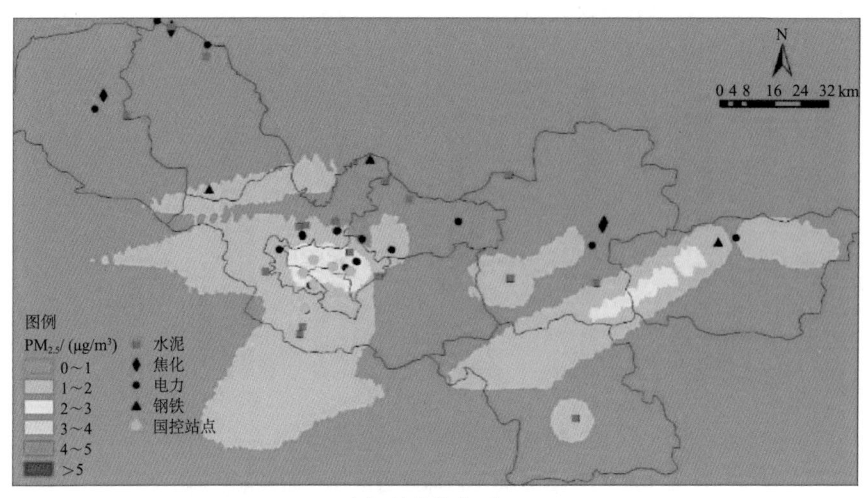

(b) 结构优化后

图 3-6-2　四大行业转型升级对全市国控站点污染物的影响

6.2　重型柴油车结构调整与效果评估

6.2.1　重型柴油车结构调整措施

徐州市通过实行差异化管理、加大经济激励、建设配套设施等方面，积极推动重型货车结构优化升级。

1. 实施老旧车辆和新能源货车差异化管理

徐州市划定部分路段对黄牌货车（含专项作业车）实施特定时段限行，相应路段在 2024 年扩大至禁限行区域，进一步缩进高排放机动车［国一、国二排放标准的汽油车，以及国三（含）以下排放标准的柴油货车］的路权。同时，徐州市积极创建城市绿色货运配送示范工程，持续完善配送网格布局、大力创新运输组织模式、优化城市通行政策，积极推进绿色物流发展扩大。

2. 安排专项资金加大经济激励力度

2019 年及以前，徐州市针对新能源汽车相继出台停车优惠、充电优惠、购置补贴、配套基建建设等相关鼓励政策和资金支持。江苏省内 2019—2020 年针对新能源重型货车的购置补贴约为 9.6 万元/台。2023—2024 年，徐州市提前淘汰国三重型货车的奖励补贴最高可达 13 000 元。

3. 强化技术研发支持与配套设施建设

近年来，徐州市依托徐工集团的雄厚实力和技术积累，大力研发高性能、可推广的电动重卡，以满足市场对环保、节能、高效运输工具的需求，积极推动电动重卡的市场应用和产业发展。以纯电渣土车为突破口，完成典型地区中重型新能源载货汽车试点应用，并启动全国首个新能源渣土车换点运营示范项目，有力推动公共领域车辆电动化进程。

6.2.2　重型柴油车结构调整效果评估

1. 清洁化进程领先

基于公安部门统计数据，2022 年江苏省重型货车清洁化程度（非化石燃料车在车辆总保有量中的占比）为 0.4%，上海市在 2020 年已达 2.3%。分城市来看，徐州市的清洁能源重型货车保有量超过 600 台，占江苏省清洁能源重型货车总保有量的 57.8%，清洁化程度也最高（1.5%）。徐州市于 2020 年启动全国首个城市新能源渣土车换电运营示范项目，且将相继建设二号、三号、四号换电站，推动全市渣土车向新能源化方向发展。徐州市启动当年总计划交付新能源渣土车共 200 台，合计全年可节省柴油约 1.5 万 t，减少 CO_2 排放量约 4.7 万 t。

2. 电动重卡经济可行

评估电动车和燃油车的经济成本，就单车投入成本而言，电动重型车通常比传统燃油车要高。主要因为电动车辆的电池技术和电动机等先进技术比内燃机的成本高。然而，随着电动车技术的发展和市场规模的扩大，电动车的单车投入成本逐渐下降。此外，电动重型车的日常维护成本、能源成本均相对较低，且日常可享受免费或优惠停车、不受限行政策影响等方面的政府优惠政策。总体来看，从使用成本、维护成本和环境友好等方面考虑，电动车可能在长期内具有更好的经济性。重型货车购置成本和使用成本如表 3-6-1 所示。

表 3-6-1　重型货车购置成本和使用成本

车型	燃料类型	购置成本/万元	使用成本/［元/（100 km）］
重型载货车	电动车	80～120	10～12
	燃油车	30～50	35～46

3. 配套基础设施建设高效推进

徐州市在电动重卡领域基础设施的建设上取得了显著进展，通过实施创新的“车电分离”模式，有效降低了电动重卡的初始购置成本，激发了市场活力。2023 年，徐州市建成了多座无人重卡换电站，图 3-6-3 展示了渣土车换电站。这些站点采用自动化技术实现快速换电，极大地提升了电动重卡的使用便捷性和运营效率，显著降低了车主的续航顾虑。这些换电站还充分利用夜间低谷时段进行电力补给，优化了电力资源配置，实现了电网削峰填谷，增强了电网的稳定性。同时，换电站内实施专业的电池管理和维护，通过电池的梯次利用，提高了电池使用效率，降低了废旧电池的环境风险，为徐州市的绿色发展和生态文明建设作出了积极贡献。

图 3-6-3　徐州市渣土车换电站

6.3　工业园区 VOCs 整治提升

1. 差别化管控与跟踪评估

针对桃园路站点与农科院站点附近经济开发区 VOCs 治理问题，推出工程机械和 VOCs 产排行业差别化的管控新机制，激励企业深度治理。建立“绿名单”“蓝名单”“双单激励”机制，让投入大、效果好的企业“得实惠”。以北京市地方标准为基准，量化非甲烷总烃、苯系物、颗粒物三项指标限值，非甲烷总烃由 50 mg/m^3 降至 40 mg/m^3、苯系物由 20 mg/m^3 降至 10 mg/m^3、颗粒物由 10 mg/m^3 降至5 mg/m^3。企业通过治理达到相关限值标准并相应列入“绿名单”（豁免）、“蓝名单”（自主减排），执行不同等级的差别化管控政策。利用 VOCs 走航执法检查手段，强化溯源排查与整改，限期整改不到位的企业动态降级。

2. 实施场景化综合整治

聚焦问题靶点、直击关键短板，以场景化治理扩大 VOCs 综合整治覆盖面。拓展医药行业储罐治理，针对药企涉 VOCs 储罐废气加装集气罩收集治理废气，从源头上削减 VOCs 排放。针对工程机械企业 VOCs 活性物种排放问题，强化原料替代、推进末端治理，徐州市工业和信息化局联合市生态环境局、徐州市场监督管理局有效督促各地切实推进 VOCs 清洁原料替代工作，为企业提供涂料替代技术路径与咨询服务，工业园区 69 家涉 VOCs 企业完成低原辅材料源头替代，水性涂料使用比例大幅提升，占工业园区 VOCs 排放总量 90%的 51 家重点企业投入 2.4 亿元建设了 RTO 设施，完成深度治理并列入豁免管理。拓展制造行业焊烟治理，拦截“屋顶逃逸的烟气”。创新实施工业烟气“屋顶拦截”工程，运用厂房顶端排气筒“戴口罩”的办法，拦截烟气散逸。完成 81 家机械加工企业烟气过滤材料加装或更换，自测加装后的单个排气筒外围 PM 浓度降幅超过 70%。

3. 建立园区智慧管理平台

构建 VOCs 产排行业云上综合监管平台，重点企业周边布局微站，占产排总量 95%的 47 家“绿名单”企业完成在线监控设施安装，排放数据实时并网监控，结合企业用电工况系统、工地扬尘监控系统、油烟在线监测系统等实现污染物排放实时监控，综合激光雷达、地面走航等监管手段，构建了“超值预警—企业自查—排除故障—结果反馈”的闭环。

6.4 空气质量改善效果评估

自 2018 年开展传统行业升级和布局优化调整以来，徐州市空气质量水平持续好转。2017—2022 年，$PM_{2.5}$、PM_{10}、NO_2、SO_2、CO 和 O_3 浓度年均变化幅度分别为－8％、－8％、－7％、－11％、－12％和－2％，$PM_{2.5}$ 与 PM_{10} 下降幅度分别居江苏省第 2 位、第 4 位。空气质量优良天方面，2022 年徐州市优良天数较 2017 年增加 79 d，增加幅度为江苏省第 1，其中重度及以上污染天减少 17 d。

选取徐州市产业结构优化前后 4—6 月（转型前）和 7—9 月（转型后）空气质量进行分析。转型升级后，7—9 月的优良天数同比增加 16 d，改善幅度高于 4—6 月（4—6 月同比增加 8 d）。

从重点行业集中分布的典型区域来看，铜山区、利国镇作为钢铁、焦化企业集中的典型区域，通过转型升级，实现了空气质量的显著提升。如图 3-6-4 所示，7—9 月，该地区的环比改善幅度整体呈上升趋势，SO_2、NO_2、PM_{10}、O_3 和 $PM_{2.5}$ 浓度明显低于 4—6 月，整体上转型升级对该镇及其周边环境的积极影响较大。

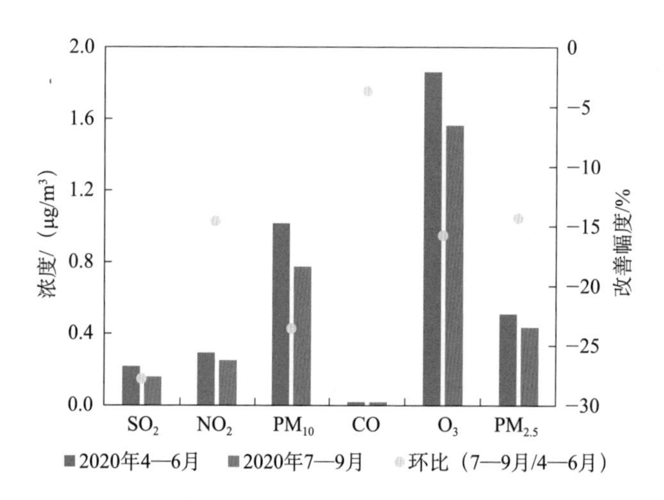

图 3-6-4　利国镇 2019 年/2020 年 4—6 月和 7—9 月空气质量

第四篇　苏 州 篇

第1章 引 言

苏州市经济总量、人均生产总值、城镇化率、机动车保有量均居江苏省首位，企业数量多，治理水平相对较好，“十三五”时期以来 $PM_{2.5}$改善显著，空气质量持续改善压力大。苏州市通过“细心把脉”，精准施策，聚焦污染源精细化监管与深度治理，以电力、钢铁行业深度治理与绿色专项工作及涉 VOCs 行业精细化管控为抓手，有效提升大气污染防治与监管水平。

第2章　城市概况与污染特征

2.1　城市概况

苏州市经济总量大，居全省第1位，城镇化率和人均地区生产总值也均处于全省领先地位。近10年来，苏州市经济不断增长，产业结构持续优化。图4-2-1为江苏省13个设区（市）地区生产总值及产业结构情况。2021年，苏州市地区生产总值达2.27亿元，按可比价计算比上年增长8.7%。整体来看，三次产业比重逐年提高，2016年已经实现产业结构“三、二、一”的标志性转变。全市城镇化率从2011年的71.3%提高至2021年的81.9%，累计增长10.6个百分点。高新技术产业实现产值21 686.5亿元，占规模以上工业总产值的比重达52.5%，同比提高1.6个百分点；净增高新技术企业1 393家，累计达1.1万家，同比增长43.4%。2021年，高新技术产品出口额达7 475.1亿元，同比增长9.0%。

煤炭一直是苏州市的能源消费主体。2020年全市煤炭消费5 575万t，占全市能源消费总量的59.2%，而天然气消费仅占全市能源消费总量的13.4%。全市燃煤、燃气、光伏和生物质发电装机分别达1 617万kW、443万kW、154万kW和35.37万kW，其中燃煤装机占全市总发电装机量的71.9%。

图4-2-2为江苏省机动车统计数据，2018—2022年，苏州的机动车保有量在江苏省机动车总保有量的占比中贡献最大（约占22%）。这期间的各市机动车保有量年均增速中，苏州市排第8位，约为3.1%，略低于全省平均情况（3.2%）。其他城市中，连云港排第1位（4.6%），其次为宿迁（4.4%）。但是由于基数大，苏州市的绝对增长量最多，约占全省机动车增量的21.2%。

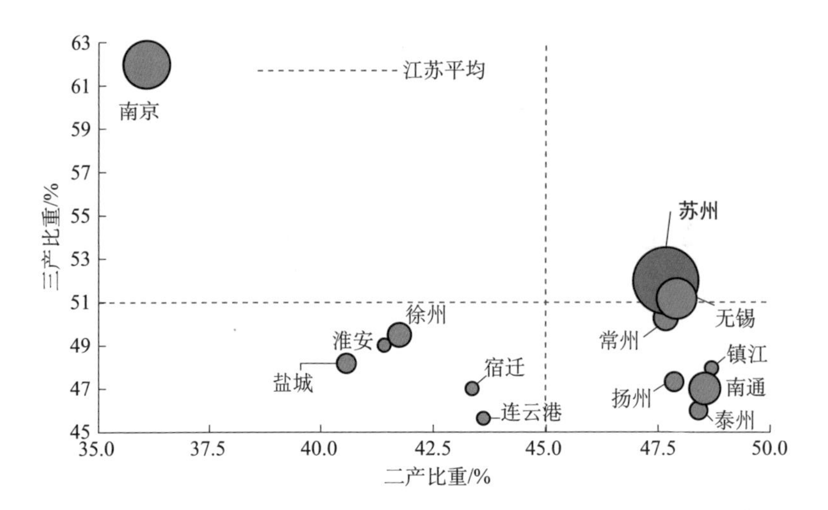

图 4-2-1　江苏省 13 个设区（市）地区生产总值及产业结构（2021 年）

（圆圈大小表示地区生产总值大小）

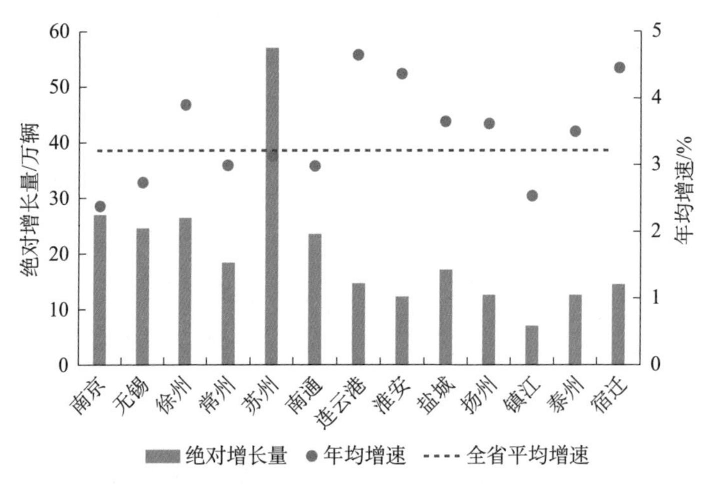

图 4-2-2　江苏省机动车保有量分城市增长情况

2.2　大气污染特征与问题

1. $PM_{2.5}$ 改善成效明显，臭氧污染优于周边城市

2015—2021 年，苏州市 $PM_{2.5}$、PM_{10}、NO_2、SO_2、CO 和 O_3 浓度年均变化

幅度分别为−9%、−6%、−6%、−12%、−9%和−0.6%，$PM_{2.5}$下降幅度为江苏省第 2，且 2021 年首次降至 28 μg/m³，与盐城并列江苏省第 1；NO_2浓度下降幅度为江苏省第 1；O_3浓度在江苏省低于无锡、常州等周边城市。空气质量优良天数比例方面，2015—2021 年，苏州市优良天数比例上升 18.7 个百分点，上升幅度为江苏省第 2。

2. 二次污染对苏州市贡献大

二次转化是苏州市 $PM_{2.5}$ 的主要来源。源解析结果如图 4-2-3 所示，苏州市 2018 年 $PM_{2.5}$中 SNA（二次无机离子 SO_4^{2-} 、NO_3^- 和 NH_4^+ 三者之和）质量浓度占水溶性离子和含碳细颗粒物总和的 74.0%，且二次有机碳（SOC）浓度为 2.70 μg/m³，占 OC 的 40%左右。此外，在冬季及中度以上污染时，二次无机离子占比分别达到 78.8%和 83.9%，硝酸盐占比分别为 42.1%和 47.2%；重污染时段，硝酸盐占比上升到 55%左右。夏季，苏州市 $PM_{2.5}$中 SNA 占比为 60.0%。可见，夏季、冬季以及中度及以上污染时段，二次转化对苏州市 $PM_{2.5}$的贡献较为突出。

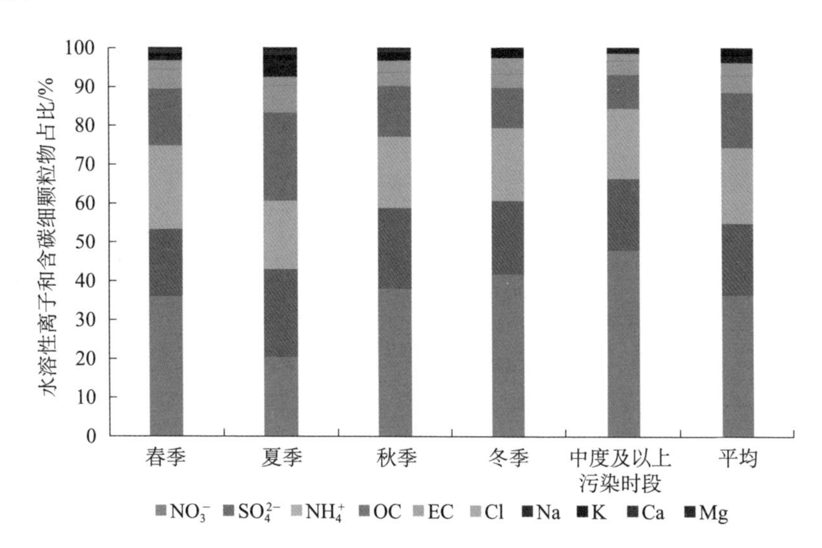

图 4-2-3　苏州市 2018 年水溶性离子和含碳细颗粒物占比

3. $PM_{2.5}$主要贡献来自苏州本市区域

基于 LPDM 颗粒污染溯源模型，结合污染源排放清单，分析苏州市 2017 年 $PM_{2.5}$来源情况和不同季节来源贡献。2017 年江苏省平均贡献 78.37%，其次是浙江省贡献 6.64%，上海市贡献 9.18%，其他省级行政区贡献不足 3%。江苏省

内各市对苏州市 $PM_{2.5}$ 的贡献主要来自苏州本市区域，其贡献达 63.97%。江苏省内各市不同季节对苏州市 $PM_{2.5}$ 的贡献主要来自沿江城市，包括无锡、南通、常州、泰州等城市。秋季苏州市贡献最高，达到 72%。春季苏州市贡献率下降，贡献为 59.6%。春秋季节，无锡市的贡献均达到 6%及以上。

4. 苏州市臭氧的生成处于 NO_x－VOCs 协同控制区，装纺织业、汽车涂装、机动车尾气为较为显著的臭氧贡献源

利用 $HCHO/NO_2$ 作为指示剂判定苏州市 O_3 生成的敏感性。分析 2018 年 8 月10—23 日城区各国控站点及省控站点 $HCHO/NO_2$ 比值变化情况。结果显示各国控站点多处于 NO_x－VOCs 协同控制区，部分污染时段上方山站点、高新区站点及吴中区站点过渡到 VOCs 控制区。淀山湖党校站点和越秀幼儿园站点多处于 NO_x 控制区，常熟菱塘站点及太仓气象观测站点多处于 NO_x－VOCs 协同控制区。使用 PMF 对 VOCs 数据进行组分来源解析，溶剂使用（39%）、机动车尾气（28%）为苏州市较为显著的臭氧贡献源。结合苏州市产业结构，推测服装纺织业、汽车涂装以及交通源的 VOCs 影响较大。

第3章　大气污染排放特征

3.1　大气污染物排放特征

3.1.1　排放基数大，治污水平较高

苏州市的 NO_x 和 VOCs 排放量约占江苏省的1/6，是江苏省排放贡献最大的城市。从排放强度来看，苏州市 NO_x 的单位面积排放强度排名江苏省第3，高于全省平均水平32.9%，VOCs的单位面积排放强度位居江苏省第1，是江苏省平均水平的2.5倍。但由于经济发展水平高，环保设施治理水平也相对较高，NO_x 单位地区生产总值排放强度江苏省最低，VOCs排放量居江苏省第5位。

3.1.2　电力行业与钢铁行业 NO_x 排放贡献突出

图4-3-1为苏州部分工业源大气污染物的排放清单结果，2017年苏州工业源大气污染物中，SO_2 和 NO_x 主要来自电力行业和钢铁行业，电力行业的 SO_2 和 NO_x 排放占比分别为39.3%和42.3%，钢铁行业的 SO_2 和 NO_x 排放占比分别为28.2%和30.7%。此外，$PM_{2.5}$ 和 PM_{10} 排放中，钢铁行业贡献比例最大，其排放占比分别为59.2%和52.8%，电力行业的 $PM_{2.5}$ 和 PM_{10} 排放量占全市工业源排放总量的比例分别为19.3%和22.6%。

3.1.3　VOCs活性物种排放占比较高

VOCs来源比较广泛，涉及行业众多。苏州市工业源VOCs的主要行业排放

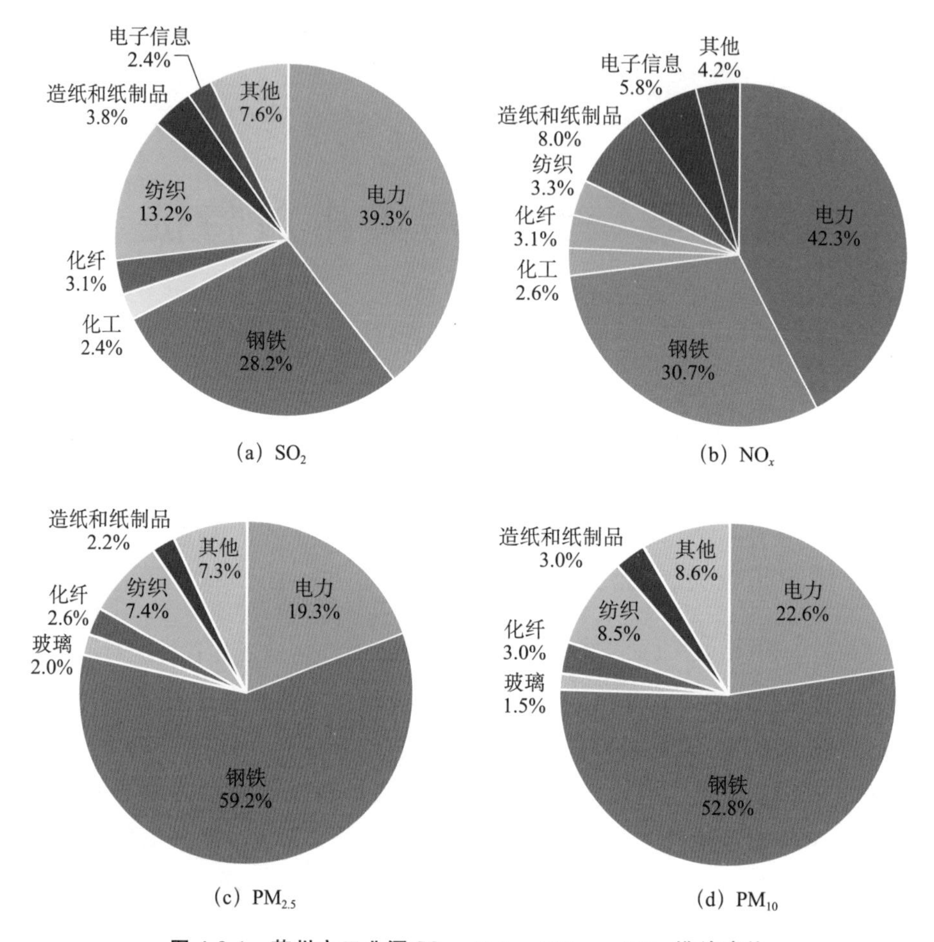

图 4-3-1　苏州市工业源 SO_2、NO_x、$PM_{2.5}$、PM_{10} 排放清单

占比情况如图 4-3-2 所示，纺织业对苏州市工业源 VOCs 排放贡献最大，约占工业源 VOCs 排放总量的 24.6%，其次为化工、电子信息、钢铁、橡胶和塑料制品行业，分别占苏州市工业源 VOCs 排放总量的比例分别为 9.8%、9.5%、9.0%和 8.7%；除此之外，金属制品、装备制造、汽车制造、电气机械和器材制造等表面涂装行业的溶剂使用对 VOCs 也有一定的贡献，合计约占工业源 VOCs 排放总量的 16.0%。

从工业源 VOCs 物种排放情况来看，如图 4-3-3 所示，苏州市的芳香烃和 OVOCs 排放量最高，分担率分别为 42.9%、31.0%。从主要排放行业贡献来看，纺织、橡胶和塑料制品对芳香烃的贡献相对较大，占工业源芳香烃排放总量的比例分别为 22.0%和 18.1%，其次为钢铁、金属制品、化工、电气机械和器

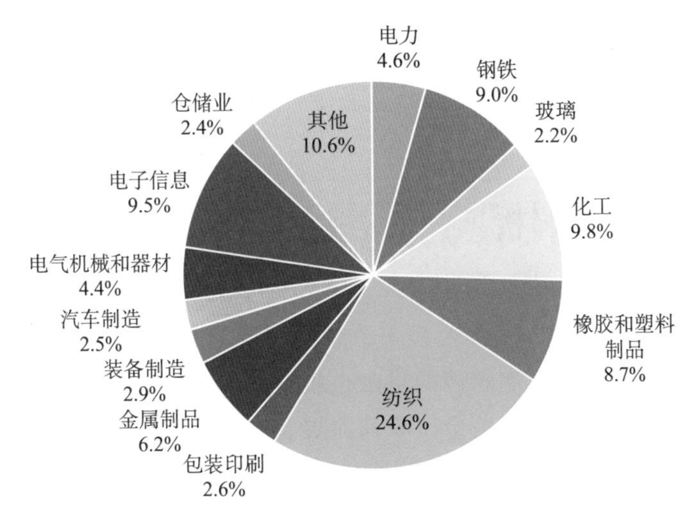

图 4-3-2　苏州市工业源 VOCs 排放清单

材、汽车制造、装备制造等行业。纺织和电子信息对 OVOCs 的贡献相对较大，分别约占工业源 OVOCs 排放总量的48.4%和21.6%，其次为电力、化纤和金属制品。

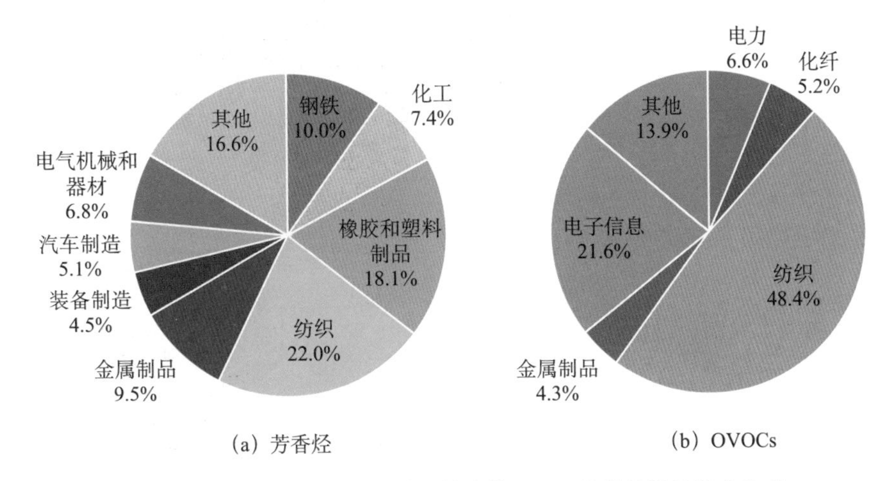

图 4-3-3　苏州市工业源排放量较大的 VOCs 物种的排放行业构成

3.1.4　机动车污染贡献大

根据公安部门提供的数据，2017—2022 年苏州市的所有车型、小型客车以及中重型货车的保有量占比均在江苏省居第 1 位。2017 年苏州市机动车 NO_x、

VOCs 排放量分别占全市移动源排放总量的 71.7%、89.1%，NO_x 主要来自中重型货车，国三及以下排放占比最大，分别占中型和重型货车 NO_x 排放量的 65.4%和 55.2%。

3.2 污染来源解析

图 4-3-4 为苏州市 $PM_{2.5}$ 的污染来源解析结果。本地来源中，移动源的贡献最高，主要来自柴油车；燃煤源的贡献也很突出，主要来自电厂燃煤和锅炉燃煤；工业源的贡献主要来自冶金、表面涂层、建材和石化与化工。2021 年苏州市 VOCs 污染的主要来源为工业源、油气挥发源、有机溶剂使用源和机动车尾气排放等。

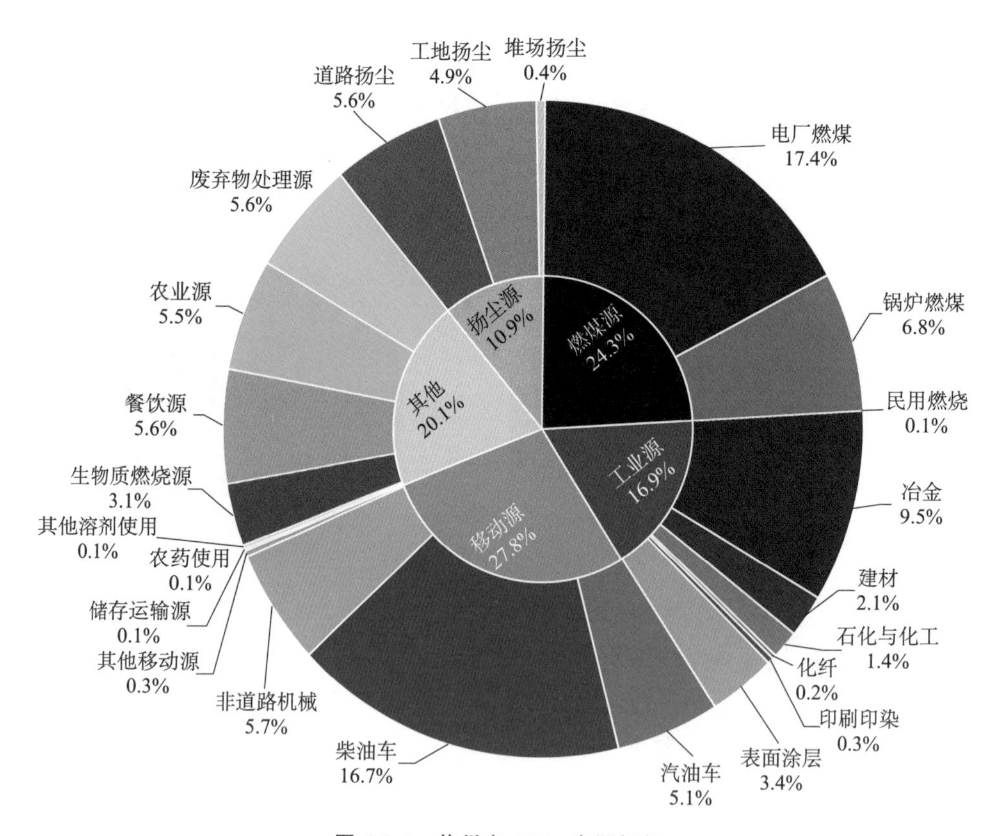

图 4-3-4　苏州市 $PM_{2.5}$ 来源解析

3.2.1　$PM_{2.5}$潜在源区分析

分析 2017 年苏州周边各省级行政区对苏州市细颗粒物污染的贡献，2017 年江苏对苏州的贡献为 78.37%，浙江、上海、山东、安徽对苏州的贡献均不足 10%，其他省级行政区贡献均不足 1%。从江苏本地来看，本市对苏州本地 $PM_{2.5}$ 的贡献最突出，贡献占比达 63.97%，其次为无锡（6.05%）、南通（1.98%）、常州（1.74%）、泰州（1.06%），其他各市都小于 1%。对苏州本地源头布局敏感区进行研究，结果如图 4-3-5 所示，识别出布局敏感性较高的地区主要分布于姑苏区、虎丘区东部、相城区南部、吴中区东部、工业园区西部及吴江区北部，即在以上地区布局污染源易对城市空气质量造成严重影响。

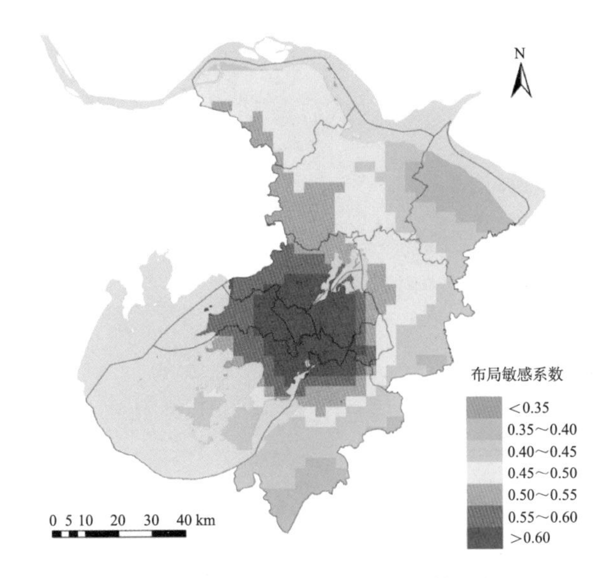

图 4-3-5　苏州市源头布局敏感性分析

3.3　重点行业治理现状

（1）火电企业数量多，小热电排放强度高。根据江苏省环境统计数据，2017 年苏州市火电企业数量居全省各设（区）市城市的首位，单位面积火电装机密度是全国平均水平的 20.5 倍，单位面积烟尘、SO_2、NO_x 排放强度分别为全国平均水平的 4.0 倍、8.4 倍、16.2 倍。图 4-3-6 为苏州市区供热区域范围和热源分布。

火电企业中一半以上为小微企业，主要分布于市区的吴江区、张家港区和常熟区。NO_x 控制水平仍有提升空间，通过热电整合实施结构调整，进一步优化装机结构，“上大压小”是实现行业减排的有效路径。此外，苏州市各地集中供热条件和水平不均衡，总体上新的开发区集中度高、条件好，老城区、城乡接合部发展缓慢、集中供热情况发展不平衡。市区北部和南部分别存在热源布局不合理、区域内缺少供热能力强的热源的问题。下一步，可以通过加强集中供热系统能力、完善供热管网建设实现大规模集中供热。

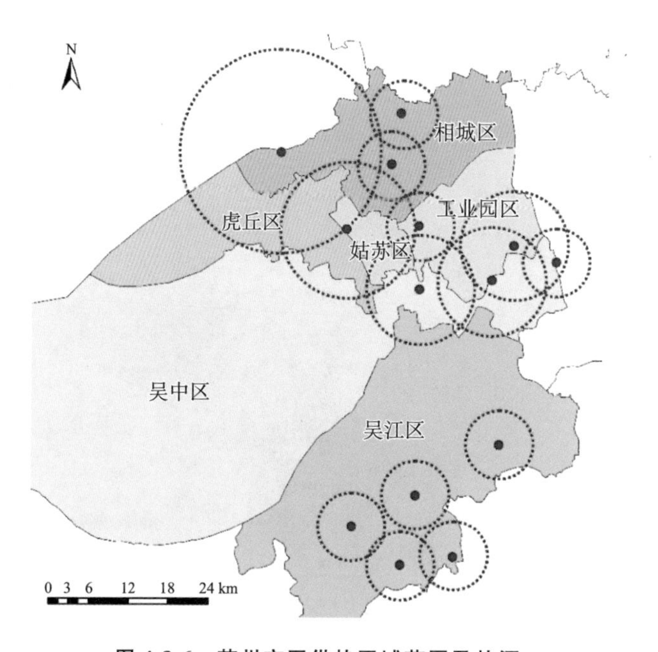

图 4-3-6　苏州市区供热区域范围及热源

（2）VOCs 排放环节多，无组织控制力度亟待加大。苏州市化工、涂装、纺织印染等 VOCs 排放行业发达，2017 年苏州化工行业总产值占苏州市工业总产值的 8.1%，化学原料及化学制品制造业企业 613 家（规模以上），涂装企业超过 3 000 家，有机溶剂使用量超过 12 万 t。此外，苏州市是江苏省重要的纺织印染基地，已形成较为完整的纺织行业产业链，工艺类型较为齐全。根据现场核查调研结果，部分化工企业未能全面完成 LDAR，且储罐废气未进行处理，废水治理设施也存在密闭不到位、处理技术低端等问题；涂装行业企业存在无组织废气收集不到位的情况，尤其是小微企业，有机溶剂的储存和转移过程、调漆过程密闭不到位。

第4章　$PM_{2.5}$与臭氧协同控制策略与管控措施

2013年以来，苏州市在完成国家和江苏省大气污染防治工作的基础上，根据地方特色积极探索新的防治途径，在产业结构优化、能源结构调整、燃煤小锅炉整治、重点行业提标改造、挥发性有机物治理、化工园区整治、机动车污染防治、面源污染治理及重污染应急等方面开展了诸多工作，生态文明建设成效显著。

4.1　$PM_{2.5}$与臭氧协同控制路径

以2017年为基准年，在社会经济发展预测的基础上，基于能源消耗、污染控制措施等设计污染物排放情景。如图4-4-1所示，预测苏州市通过完成全要素深度减排，可实现$PM_{2.5}$达到35 μg/m^{3}的目标，SO_2、NO_x、VOCs及$PM_{2.5}$分别下降44%、40%、46%及35%。

若要实现苏州市$PM_{2.5}$浓度达到39 μg/m^{3}的约束性目标，需实施强制减排情景。强制减排情景下，除了完成基本的刚性管控要求，还需要在锅炉、钢铁行业、挥发性有机物无组织排放、机动车等领域采取一定措施，具体措施见表4-4-1。

在强制减排情景的基础上，为实现$PM_{2.5}$达到35 μg/m^{3}的目标，必须实施全要素深度减排措施，采取主要措施包括但不限于：全面优化产业布局，大幅提升清洁能源使用比例，构建清洁低碳高效能源体系，深挖电力、钢铁行业减排潜力，进一步推进热电整合，完成重点行业低VOCs含量原辅料替代目标。升级工艺技术，优化工艺流程，提高各行业清洁化生产水平。优化调整用地结构，全面推进面源污染治理；优化运输结构，完成高排放车辆与船舶淘汰，大幅提升新能源汽车比例，强化车船排放监管。建立健全监测监控体系。不断完善城市空气质量联合会商、联动执法和跨行政区域联防联控机制，推进 $PM_{2.5}$ 与臭氧协同控制。

使用模型模拟并预测分析全要素深度减排情景下的污染分布范围和扩散情况，模拟得出主要污染物浓度高值区主要集中在张家港沿江区域、镇江区域及常州区域。

采取全要素深度减排措施后，可有效降低大气污染物浓度，平均减排比例为 22.1%。典型月份（1 月、4 月、7 月、10 月）$PM_{2.5}$、NO_2 及 O_3 减排比例分别为 18.0%～22.7%、21.7%～28.6%、5.9%～10.7%，其中，$PM_{2.5}$ 和 NO_2 夏秋季减排效果最好，O_3 春夏季削峰效果较为显著（表 4-4-2）。

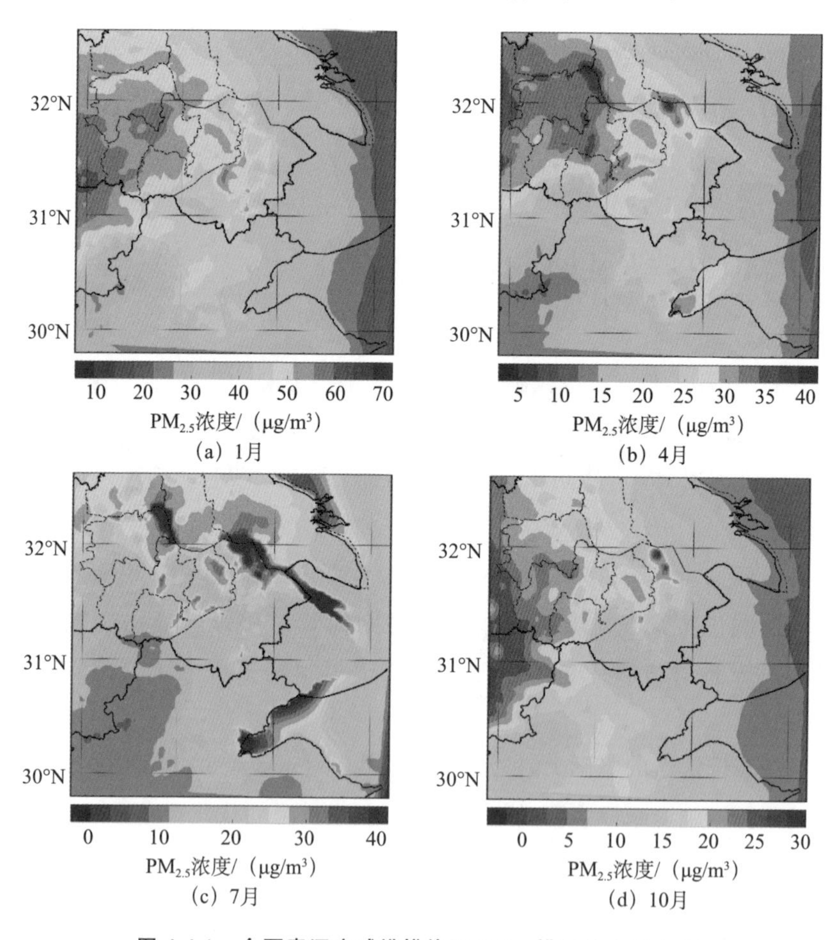

图 4-4-1　全要素深度减排措施下 $PM_{2.5}$ 模拟值水平分布

表 4-4-1　情景方案设计

行业		强制减排情景	全要素深度控制情景
工业	电力	• 使用优质煤炭。 • 优化发电调度。 • 燃煤锅炉停产或限产	• 燃煤锅炉淘汰、清洁能源替代、节能改造、超低排放改造。 • 燃煤锅炉和落后燃煤小电厂关停整合。 • 燃煤机组供电标准煤耗累计下降 5 g/（kW・h）。 • 鼓励部分煤电机组 SO_2、NO_x、烟（粉）尘排放浓度分别达到 15 mg/m³、25 mg/m³、5 mg/m³。 • 鼓励燃气电厂的燃气机组实施深度脱氮。 • 建设全封闭式物料堆场大棚与转运廊道
	自备电厂与自备锅炉	• 重点燃煤企业和尚未淘汰的 10～35 蒸吨/h 的燃煤锅炉使用优质煤炭。 • 燃煤锅炉停产或限产	• 燃煤锅炉淘汰、清洁能源替代、节能改造、超低排放改造。 • 燃气锅炉基本完成低氮改造。 • 燃煤锅炉和落后燃煤小电厂关停整合
	工业锅炉	• 重点燃煤企业和尚未淘汰的 10～35 蒸吨/h 的燃煤锅炉使用优质煤炭。 • 不能稳定达标排放的燃煤锅炉全部停产；稳定达标排放但未达到特别排放限值的燃煤锅炉限产 30%；达到特别排放限值但未达到燃气排放标准的燃煤锅炉限产 20%（民生保障及生产安全的燃煤锅炉除外）。 • 开展工业炉窑排查，燃煤工业窑炉实施清洁能源替代或淘汰关停	• 燃煤锅炉淘汰、清洁能源替代、节能改造、超低排放改造。 • 燃气锅炉基本完成低氮改造。 • 生物质锅炉实施超低排放改造或达到特别排放限值（不高于 20 mg/m³、50 mg/m³、150 mg/m³）。 • 其他燃煤锅炉全部达到特别排放限值要求。 • 加快推广余热余压利用成熟技术，提升工业领域余热余压利用水平

续表

行业		强制减排情景	全要素深度控制情景
工业	钢铁	• 执行特别排放限值要求。 • 烧结机增加停产检修时间，降低生产负荷。 • 减少作业时间和生产班次。 • 提升治污设施，进行湿法脱硫，更换高效布袋，降低排放口排放浓度，确保达标排放。 • 加强环保治理设施的维护和点检，加强堆料场的管理，控制原材料及燃煤品质。 • 实施错峰生产	• 执行特别排放限值要求，深化无组织排放治理。 • 部分钢铁厂加强无组织排放改造，准备搬迁。 • 完成 3 家万吨产能钢铁企业烧结、炼铁、炼钢、炼焦等全部工序的超低排放改造，限期未完成超低排放改造的一律停产。 • 烧结机设备 NO_x 排放浓度限值不高于 30 mg/m^3
	水泥	• 年停窑时间不少于 70 d，减少生产时间，限产 20%及以上。 • 环保设施运行正常，确保达标排放	• 水泥窑烟气 NO_x 深度减排。 • PM、SO_2 达到特别排放限值，NO_x 实施超低排放改造。 • 实施原料堆场密闭化改造。 • 实施粉磨车间封闭改造。 • 厂区路面硬化，加大清扫频次
	玻璃	• 限产 20%。 • 环保设施运行正常，确保达标排放	• 平板玻璃熔窑烟气 NO_x 深度减排。 • 日用玻璃、玻璃棉行业硫氮尘排放浓度达到《关于印发〈工业炉窑大气污染综合治理方案〉的通知》（环大气〔2019〕56 号）要求。 • 水泥窑烟气 NO_x 排放浓度达到《关于开展全省非电行业氮氧化物深度减排的通知》（苏环办〔2017〕128 号）中 100 mg/m^3 要求。 • 平板玻璃行业脱硫脱硝除尘深度改造

续表

行业		强制减排情景	全要素深度控制情景
工业	冶金铸造	• 冶金铸造行业的炼钢、轧钢工序污染排放控制按照钢铁行业相关标准要求执行。 • 其他工序硫氮尘排放浓度达到《关于印发〈工业炉窑大气污染综合治理方案〉的通知》(环大气〔2019〕56号)要求。 • 停用部分窑炉，实施窑炉单双休，减少生产时间	• 冶金铸造行业的炼钢、轧钢工序污染排放控制按照钢铁行业相关标准要求执行。 • 其他工序硫氮尘排放浓度达到《关于印发〈工业炉窑大气污染综合治理方案〉的通知》(环大气〔2019〕56号)要求。 • 推进冶金铸造企业按照钢铁行业要求实施超低排放改造
	化工	• 完成重点监管企业深度治理，综合治理效率达到85%以上，实现稳定达标排放。 • 重点监管企业安装非甲烷总烃在线监控设施并稳定运行	• 全面完成LDAR并开展评估。 • 重点监管企业完成"一企一策"。 • 化工行业全面实现产业升级，包括原辅料替代、工艺装备升级与密闭化改造。 • 所有企业完成VOCs全过程深度治理。 • 重点监管企业安装非甲烷总烃及特征因子在线监控，治理设施运行工况在线监控
	涂装	• 执行江苏省地方标准《涂料中挥发性有机物限量》(DB 32/T 3500—2019)。 • 执行北京市地方标准《工业涂装工序大气污染物排放标准》(DB 11/1226—2015)排放限值	• 全面完成涂料替代，溶剂型工业涂料使用量下降至50%。溶剂年使用量小于10 t的涂装企业通过涂料替代完成产业结构调整。 • 重点监管企业全面使用先进涂装技术与设备
	纺织印染	• 参照浙江省地方标准执行特别排放限值并开展提标改造	• 实施产业结构调整，使用低VOCs含量和低毒性的印染助剂替代。 • 使用国际先进技术，完成定型、涂层、印染以及其他后整理工序的油烟与VOCs深度治理，治理效率达到85%以上。 • 车间无组织废气全密闭收集，收集效率高于90%

续表

行业		强制减排情景	全要素深度控制情景
工业	包装印刷	• 执行上海市地方标准《印刷业大气污染物排放标准》(DB 31/872—2015)	• 低（无）VOCs 含量原辅材料和环境友好型技术使用比例高于 70%
	其他行业	• 参照山东省挥发性有机物地方标准执行	• 完成橡胶塑料、皮革、木材加工等小微型企业产业结构调整
能源		• 全市煤炭消费总量减少 760 万 t。 • 增加电煤占煤炭消费比重，降低非电力等其他行业煤炭消费占总量的比重。 • 天然气消费量达到 90 亿 m^3 左右。 • 全社会用电量年均增长 4%左右	• 全市煤炭消费总量减少 760 万 t。 • 增加电煤占煤炭的消费比重，降低非电力等其他行业煤炭消费占总量的比重。 • 原煤入洗率达到 75%及以上。 • 完成主城区以及区（县）建成区散煤治理工作。 • 推进电力绿色调度，逐步提高接受外输电比例。 • 加大禁燃区监管力度。 • 天然气供应基本实现城乡一体化，农网改造率达到 100%。 • 新型墙体材料建筑应用比率达到 99%
产业结构		• “散乱污”企业实施停产或停产整治。 • 加大化工企业“四个一批”专项行动推进力度	• 保持当前控制水平。 • 完成小“散乱污”企业治理。 • 钢铁行业仅保留 1 200 m^3 及以上高炉。 • 搬迁部分钢铁企业。 • 压减水泥熟料和粉末生产规模。 • 压减热电企业 50%。 • 完成地区印染行业集聚

续表

行业		强制减排情景	全要素深度控制情景
交通	运输结构	• 具备铁路、水路货运条件的火电企业一律禁止公路运输煤炭。 • 大型钢铁企业内部运输煤炭、铁矿等全部改用轨道运输	• 减少公路运输比例，大幅提升铁路运输比例
	机动车	• 强化对限行区域高污染车辆的依法处罚力度。 • 加强市区道路交通执法检查。 • 加强燃油品质监管	在强制减排情景基础上， • 全面供应符合国六标准的车用汽柴油。 • 促进淘汰高污染车辆。 • 主城区新能源公交车达到 100%。 • 清洁能源及新能源出租车达到 80%。 • 对全市船舶和非道路移动机械全面供应与国五标准车用柴油相同的普通柴油。 • 开展建成区范围内的施工工地、港口码头、工业企业堆场内工程机械的燃油抽检并实施处罚。 • 城市居民公共交通分担率达 35%
	船舶	• 内河运输船舶需保持外观整洁、标识清晰，并在航行时使用固定舱口盖或油布封舱，以防止扬尘和雨水污染。 • 加强对货舱封舱设施的配备、使用和维护保养，确保封舱设施处于良好的工作状态	• 使用低硫柴油。 • 推进港口码头和船舶的供受电建设。 • 鼓励新建船舶配备受电系统，在用船舶逐步开展受电系统改造。 • 全面实施新生产船舶发动机第一阶段排放标准。 • 加强全市港口无组织粉尘管控力度。 • 全面淘汰使用年限超过 20 年的内河航运船舶
	非道路移动源	• 加强市区道路交通执法检查。 • 加强燃油品质监管	• 保持当前控制水平。 • 加强市区施工工地非道路移动源油品检查。 • 划定区域禁止使用国三排放标准以下的非道路移动机械

续表

行业		强制减排情景	全要素深度控制情景
其他	农业	• 加大秸秆综合利用和禁烧工作力	• 保持当前控制水平。 • 开展缓控释肥配施、精准施肥和深施覆土。 • 加大禽舍内的粪、尿清理频次。 • 在饲料中添加适量的粗纤维和小麦
	扬尘	• 强化绿色文明施工，加强施工扬尘管理。 • 加大道路环卫机械化作业专项保障力	• 工地落实“六个百分百”。 • 5 000 m^2 以上的建筑工地安装在线监测和视频监控。 • 提高拆迁工地洒水或喷淋措施，执行率达到 100%，并提高道路机械化清扫率。 • 将腾退空间优先用于留白增绿。 • 建设城市绿道绿廊。 • 各区（县）实施降尘综合考核
	餐饮油烟	• 设定特定区域用于露天烧烤。 • 有油烟产生的餐饮安装使用净化设施并定期维护。 • 执行餐饮业大气污染物排放标准	• 禁止非商用建筑内开设排放油烟的餐饮项目。对重复被投诉的餐饮单位，要求安装并联网油烟净化在线监控设施，确保治理效率持续达标
	面源 VOCs	• 执行建筑涂料、成品油储运标准。 • 实施江苏省汽修行业排放限值标准	• 建筑装修内外墙涂料禁止使用溶剂型涂料。 • 全面使用密闭式干洗机。 • 成品油储运治理效率稳定达到 95%以上。 • 实施江苏省汽修行业排放限值标准

表 4-4-2　全要素深度控制情景下空气质量模拟结果

污染物		1月	4月	7月	10月
SO_2	平均减排/（μg/m³）	4.9	3.7	4.8	3.9
	减排比例/%	32.9	33.6	34.6	35.4
	削减峰值/（μg/m³）	9.0	7.7	7.6	11.0
NO_2	平均减排/（μg/m³）	11.4	10.4	11.0	10.6
	减排比例/%	21.7	27.2	26.9	28.6
	削减峰值/（μg/m³）	18.5	23.8	18.5	18.7
O_3	平均减排/（μg/m³）	9.7	25.3	24.8	15.4
	减排比例/%	5.9	10.7	10.6	8.3
	削减峰值/（μg/m³）	18.7	29.6	28.2	24.0
$PM_{2.5}$	平均减排/（μg/m³）	10.8	6.6	5.0	4.4
	减排比例/%	18.0	20.9	22.7	22.2
	削减峰值/（μg/m³）	24.5	20.9	9.5	11.0
PM_{10}	平均减排/（μg/m³）	14.7	8.2	6.3	5.8
	减排比例/%	19.3	21.4	21.5	20.0
	削减峰值/（μg/m³）	30.1	24.2	11.3	13.2

4.2　重点行业 VOCs 精细化管控

4.2.1　重点行业 VOCs 总量分配

苏州市是长三角地区 VOCs 单位面积排放强度最高的城市之一，根据 $PM_{2.5}$ 与臭氧协同控制路径研究结果，臭氧污染仍处于典型 VOCs 控制区，开展 VOCs 总量控制、扎实推进减排是苏州市近阶段大气污染治理的关键措施。

根据空气质量目标和减排路径，本书基于利税贡献、治理成本、减排潜力、污染贡献建立了苏州市工业源 VOCs 总量分配指标体系（表 4-4-3），包括 3 个一级指标（经济 A_1、排放 A_2 和环境 A_3）、5 个二级指标（利税贡献 B_1、治理成本 B_2、总量基数 B_3、$PM_{2.5}$ 污染贡献 B_4、O_3 污染贡献 B_5），并根据熵值法确定各分配指标的权重。

表 4-4-3　工业源指标体系构建

一级指标	权重	二级指标		权重	综合权重
经济 A_1	0.3	利税贡献 B_1	单位排放量利税贡献	0.7	0.11
		治理成本 B_2	单位减排量治理成本	0.3	0.09
排放 A_2	0.5	总量基数 B_3	基于可达减排潜力的排放量	1.0	0.50
环境 A_3	0.2	$PM_{2.5}$ 污染贡献 B_4	单位排放量 $PM_{2.5}$ 贡献（AFP 贡献）	0.2	0.07
		O_3 污染贡献 B_5	单位排放量 O_3 贡献（OFP 贡献）	0.8	0.28

指标体系中，治理成本（B_2）、总量基数（B_3）、$PM_{2.5}$ 污染贡献（B_4）和 O_3 污染贡献（B_5）等主要指标测算结果如表 4-4-4 所示。其中，石化、化工行业由于涉及储罐、废水、装卸、工艺废气等 10 多个环节治理，VOCs 有组织排放浓度相对较高，单位排放量平均治理成本相对最高，达到 1.8 万元/t 以上。基于 2020 年污染源排放清单，自上而下测算 2025 年减排潜力，结果如图 4-4-2 所示，化工、石化行业由于泄漏问题突出，通过更换低泄漏设备、加装高效收集治理措施等，VOCs 减排潜力最大，减排比例可达到 35%～42%，而纺织、交通工具制造等行业由于源头替代技术不成熟、末端治理前期大部分已完成，进一步减排比例相对较低，减排比例不足 20%。化工行业的 OFP 贡献和二次有机气溶胶生成潜势（AFP）贡献均最大，分别为 36.30%和 35.50%，其次为电子行业，OFP 贡献和 AFP 贡献分别为 14.80%和 17.70%。

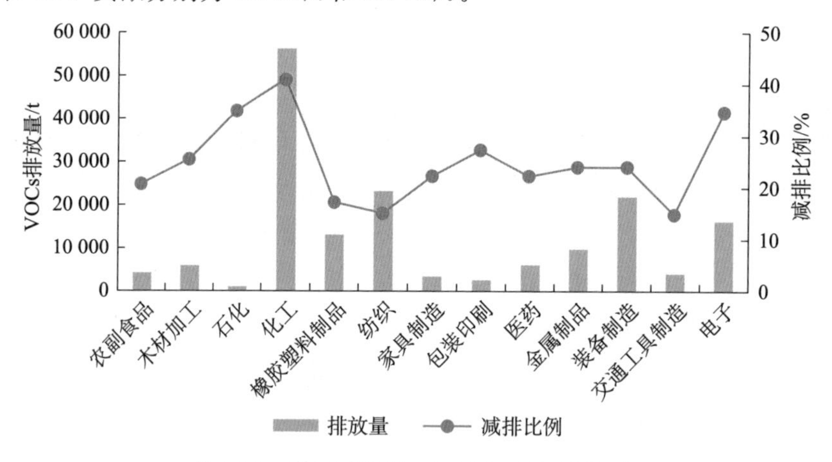

图 4-4-2　基于减排潜力的排放总量测算结果

表 4-4-4　部分指标计算结果

行业类别	单位减排量治理成本/（t/万元）	排放量/t	减排比例/%	OFP 贡献占比/%	AFP 贡献占比/%
农副食品	1.01	3 609.02	21.07	0.90	0.20
木材加工	1.53	5 413.53	25.92	3.90	4.80
石化	1.84	1 353.38	34.54	0.30	0.10
化工	1.84	55 939.85	42.40	36.30	35.50
橡胶塑料制品	1.35	12 631.58	17.56	8.40	10.50
纺织	1.19	22 556.39	15.65	2.10	3.10
家具制造	1.61	3 157.89	22.39	3.70	4.00
包装印刷	1.36	2 255.64	27.24	1.00	1.30
医药	1.36	5 864.66	21.95	3.10	3.00
金属制品	1.47	9 473.68	24.55	5.10	4.20
装备制造	1.64	22 105.26	23.76	11.80	9.60
交通工具制造	1.69	4 060.15	15.46	2.00	1.70
电子	1.28	15 789.47	35.35	14.80	17.70

根据各指标数据收集和计算，得到各个行业与指标的分配系数（表 4-4-5），化工、装备制造行业总量分配系数最高，主要由于单位排放量利税贡献（B_1）、治理成本（B_2）与总量基数（B_3）三项因子均较其他行业偏高，家具制造行业 O_3 污染贡献（B_5）较大，利税贡献（B_1）与总量基数（B_3）较小，分配系数总体偏低，木材加工、农副食品、包装印刷行业利税贡献（B_1）、总量基数（B_3）与 $PM_{2.5}$污染贡献（B_4）、O_3 污染贡献（B_5）均较小，分配系数较低。根据 2025 年重点行业 VOCs 总量削减比例要求与减排潜力测算结果，2025 年苏州市 13 个重点行业可分配 VOCs 排放总量为 11.9 万 t，根据总量分配系数将 VOCs 排放量分配至各行业，结果如图 4-4-3 所示，化工、装备制造、电子 3 个行业分配总量居前 3 位，基于层次分析法，VOCs 排放量分别为 3.1 万 t、2.4 万 t、2.3 万 t，占 13 个重点行业的 17.9%、12.2%、11.2%，与基于减排潜力测算的分配结果相比，化工、纺织行业分配总量分别减少了 2.6 万 t、1.0 万 t，交通工具制造、电子、包装印刷、家具制造与石化行业增加了 0.28 万～1.20 万 t。基于层次分析法的分配结果在原有减排潜力分配总量的基础上进一步综合考虑了经

济、环境等方面的影响特征。

表 4-4-5　工业大气污染物排放总量统筹分配系数

行业	利税贡献（B_1）	治理成本（B_2）	总量基数（B_3）	$PM_{2.5}$ 污染贡献（B_4）	O_3 污染贡献（B_5）	总量分配系数
农副食品	0.007	0.016	0.013	0.001	0.005	0.04
木材加工	0.001	0.004	0.017	0.005	0.015	0.04
石化	0.019	0.006	0.003	0.001	0.006	0.03
化工	0.005	0.006	0.153	0.003	0.011	0.18
橡胶塑料制品	0.010	0.008	0.045	0.004	0.014	0.08
纺织	0.004	0.009	0.071	0.003	0.007	0.09
家具制造	0.002	0.005	0.011	0.006	0.024	0.05
包装印刷	0.013	0.008	0.008	0.003	0.008	0.04
医药	0.011	0.008	0.020	0.003	0.011	0.05
金属制品	0.013	0.005	0.031	0.002	0.011	0.06
装备制造	0.031	0.004	0.070	0.002	0.014	0.12
交通工具制造	0.057	0.005	0.015	0.002	0.014	0.09
电子	0.037	0.004	0.044	0.006	0.021	0.11

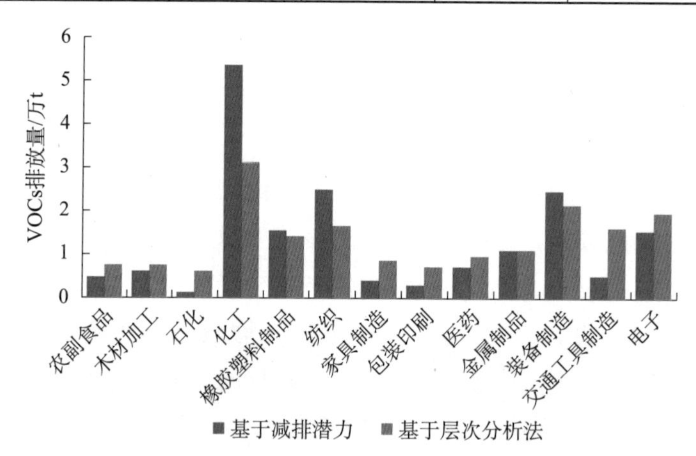

图 4-4-3　苏州市重点行业 VOCs 总量分配结果

4.2.2　VOCs 治理驻点管家模式

在总量分配优化的基础上，为进一步落实 VOCs 减排，苏州市于 2021 年率先在全省推出乡镇（街道）VOCs 治理管家驻点服务试点工作，并于 2023 年在全省首创制定发布《苏州市乡镇（街道）挥发性有机物治理管家驻点服务技术指南（试行）》，为基层属地全面推进 VOCs 综合治理提供技术指导。图 4-4-4 为 VOCs 治理驻点服务工作流程。“VOCs 驻点管家”是一项创新环境监管服务，旨在通过第三方专业技术团队的驻点服务，为企业提供 VOCs 治理的全过程指导和支持，包括从源头开始排查，通过综合第二次全国污染源普查数据、国家排污许可证数据库、工商注册企业清单、用电工业企业清单等各类清单数据，建立辖区内 VOCs 排放企业清单并定期更新完善。同时，根据当地实际产业结构特征，基于该清单有针对性地进行企业 VOCs 治理状况全过程排查，进一步完善清单数据信息。针对企业 VOCs 治理过程提供指导评估，包括针对 VOCs 治理提升方案和实施效果的评估，排放情况、治理设施运行维护、LDAR 实施情况、台账记录、自动监测等方面的日常巡查检查。驻点团队同时还会提供业务培训、绩效分级、治理成效量化核算评估等其他服务，从源头清单排查、日常监督管理、治理成效评估等方面入手，全面摸清从源头控制到末端治理各项环节的基本情况，实现对涉 VOCs 企业的全方位、全过程监管，接受属地生态环境部门的监督和指导。

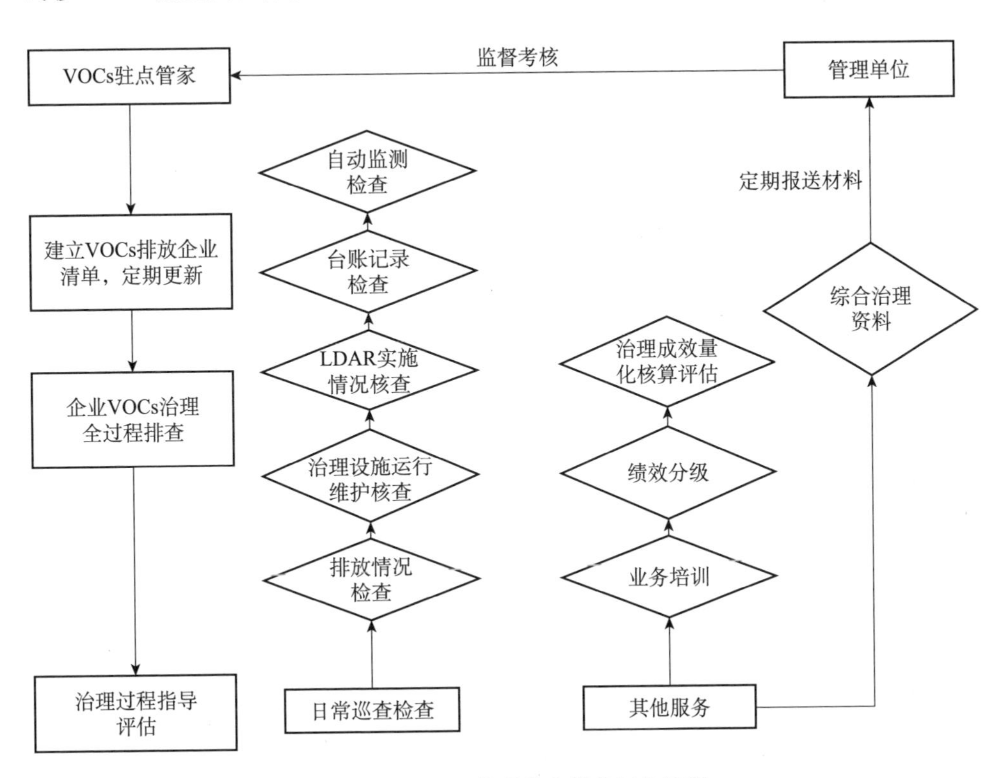

图 4-4-4　VOCs 治理驻点服务工作流程

针对排放环节复杂的涉 VOCs 行业，驻点工作技术指南制定了重点行业 VOCs 排查表，如表 4-4-6 所示，排查内容详细分为源头削减、过程控制、末端治理、在线监测等方面，便于现场快速发现及定性问题，快速识别企业关键 VOCs 排放环节的潜在问题，协助开展详细现场调查，指导企业完成 VOCs 治理。

VOCs 治理驻点管家机制有效弥补了基层环境监管人员不足的问题，并通过全过程、持续的评估与指导，帮助基层管理部门落实国家、省级和市级关于 VOCs 治理的各项要求。这一措施显著提高了区域内 VOCs 的管理效率，为持续降低大气污染物排放和不断提升空气质量提供了坚实的支撑。截至 2023 年，苏州市已有 14 个乡镇（街道）开展了 VOCs 治理管家驻点服务工作，已完成 3 417 家企业全过程排查、2 224 家企业整治，实现减排超过 1 500 t，乡镇和企业 VOCs 治理和监管水平得到显著提升。其中，常熟市作为在江苏省率先引入“驻点管家”的试点区域之一，探索建立了以“局主要领导牵头引领，VOCs 专班协调推进，16 个板块及驻点管家督促落实”为主要内容的“1+1+16”工作机制，率先推出 VOCs 驻点管家履职平台（小程序），通过 2 年的驻点管家服务，建立了全面完善的本地清单数据库，摸清了所有企业的排放现状，结合对重点企业的全面核查，有效降低了企业的 VOCs 污染排放。

4.3 电力行业深度治理路径

2022 年以来，苏州市电力行业在完成超低排放改造的基础上，进一步开展宽负荷脱硝等深度治理，电力行业大气污染物排放量进一步削减。电力行业烟气深度治理路径如下。

1. 脱硫增效技术

国内外燃煤电厂减排 SO_2 的主要途径有煤炭洗选、洁净煤燃烧技术、燃用低硫煤和烟气脱硫等。烟气脱硫仍是未来较长一段时间内控制火电 SO_2 排放的主流和有效手段。江苏省内约 94.8% 容量的燃煤电厂（含燃生物质电厂）采用石灰石-石膏湿法脱硫技术，其他机组则多采用氨法、镁法、炉内喷钙法等脱硫技术。电厂脱硫增效技术主要有单塔脱硫增容提效、单塔双循环、单塔分区运行、双塔双循环等，具体手段主要为增加喷淋层、提高浆液循环量、多层均流增效盘、提

表 4-4-6 工业企业 VOCs 治理现场核查表

排污单位：________ 核查时间：________ 核查人员：________

序号	环节	核查内容		核查优先级	核查结果	备注
源头削减						
1	原辅料	是否提供含 VOCs 原辅材料的物质安全说明书（MSDS）		关键	是□ 否□	
2		是否提供含 VOCs 原辅材料采购量、入库量、出库量等记录		关键	是□ 否□	
3	设备	是否采用无泄漏、低泄漏设备（如泵、压缩机、过滤机、离心机、干燥设备、干式接头等）		一般	是□ 否□	
4	工艺技术	溶剂使用类	低 VOCs 原辅材料替代比例是否达到目标要求	一般	是□ 否□	
5			是否采用水性、粉末、高固体分、无溶剂、辐射固化等低 VOCs 含量的涂料替代溶剂型涂料	一般	是□ 否□	
6			是否采用水性、辐射固化、植物基等低 VOCs 含量的油墨替代溶剂型油墨	一般	是□ 否□	
7			是否采用水基、热熔、无溶剂、辐射固化、改性、生物降解等低 VOCs 含量的胶黏剂替代溶剂型胶黏剂	一般	是□ 否□	
8			是否采用辊涂、静电喷涂、高压/辅助无气喷涂、热喷涂等紧凑式涂装工艺	一般	是□ 否□	
9			是否采用自动化、智能化喷涂设备替代人工喷涂	一般	是□ 否□	
10			是否选用柔印代替凹印	一般	是□ 否□	
11			平版印刷是否采用免酒精胶印工艺	一般	是□ 否□	
12			平版印刷是否采用压力固化、调温固化、反固化等方式代替加热固化方式	一般	是□ 否□	
13			柔版印刷是否采用水性柔印工艺或 UV 柔印工艺	一般	是□ 否□	
14			孔版印刷是否采用水性孔版印刷工艺或 UV 孔版印刷工艺	一般	是□ 否□	
15			复合工艺是否采用水性、UV 和预涂膜复合工艺	一般	是□ 否□	

续表

序号	环节	核查内容		核查优先级	核查结果	备注
16	工艺技术	溶剂加工类	农药行业是否采用水相法、生物酶法合成等技术	一般	是□　否□	
17			制药行业是否采用生物酶法合成技术	一般	是□　否□	
18			橡胶塑料制品行业是否采用串联法混炼、常压连续脱硫工艺	一般	是□　否□	
19			石油炼制行业是否采用密闭除焦技术改造	一般	是□　否□	
20			是否采用油品（煤油、柴油）在线调和技术	一般	是□　否□	
21			是否采用密闭脱水、脱气、掺混等工艺	一般	是□　否□	
22			延迟焦化是否采用冷焦水密闭循环、焦炭塔吹扫气密闭回收等技术	一般	是□　否□	
23			防腐防水涂装是否采用低 VOCs 含量水性、高固体分涂料替代溶剂型涂料	一般	是□　否□	
过程控制						
24	储存	含 VOCs 原辅材料是否采用槽罐统一密闭储存		关键	是□　否□	
25		储存真实蒸汽压≥76.6 kPa 的挥发性有机液体是否采用压力储罐		关键	是□　否□	
26		储存真实蒸汽压≥5.2 kPa 但<27.6 kPa 的设计容积≥150 m^3 的挥发性有机液体储罐，以及储存真实蒸汽压≥27.6 kPa 但<76.6 kPa 的设计容积≥75 m^3 的挥发性有机液体储罐是否满足下列要求： a）采用内浮顶罐，内浮顶罐的浮盘与罐壁之间采用液体镶嵌式、机械式鞋形、双封式等高效密封方式； b）采用外浮顶罐，外浮顶罐的浮盘与罐壁之间采用双封式密封，初级密封采用液体镶嵌式、机械式鞋形等高效密封方式； c）采用固定顶罐，安装密闭排气系统至有机废气回收或处理装置		关键	是□　否□	

续表

序号	环节	核查内容		核查优先级	核查结果	备注
27	储存	采用固定顶罐是否安装顶空连通置换油气回收装置		关键	是□　否□	
28	储存	浮顶罐浮盘上的开口、缝隙密封设施，浮盘与罐壁之间的密封设施是否采用高效密封方式		关键	是□　否□	
29	装卸与转输	有机液体装卸是否采取全密闭底部装载、顶部浸没式装载等方式替代喷溅式给料		关键	是□　否□	
30	装卸与转输	挥发性有机液体若采用顶部浸没式装载，出料管口距离槽（罐）底部高度是否小于 200 mm		关键	是□　否□	
31	装卸与转输	有机物料输送是否采用重力流或泵送方式替代真空方式		一般	是□　否□	
32	装卸与转输	是否采用管道输送方式		一般	是□　否□	
33	装卸与转输	挥发性有机液体上下游装置是否通过管道直接输送，减少罐车和油船装卸作业，减少中间罐区		一般	是□　否□	
34	工艺无组织	溶剂使用类	生产过程中有机溶剂调配是否密闭，若敞开式调配时废气是否进行收集	关键	是□　否□	
35	工艺无组织	溶剂使用类	投料、搅拌、混匀、分散和反等过程是否密闭，并进行废气收集	关键	是□　否□	
36	工艺无组织	溶剂使用类	有机溶剂使用车间或工艺，如涂胶、喷涂、印刷、烘干和清洗等关键 VOCs 产生工序环节是否密闭	关键	是□　否□	
37	工艺无组织	溶剂使用类	含 VOCs 产品的包装（灌装、分装）过程是否采用密闭设备，或在密闭空间内操作，或采取局部气体收集措施	关键	是□　否□	

续表

序号	环节	核查内容		核查优先级	核查结果	备注
38	工艺无组织	溶剂使用类	混合/混炼、塑炼/塑化/熔化、加工成型（如挤出、注射、压制、压延、发泡、纺丝等）等作业中是否采用密闭设备或在密闭空间内操作，并将废气排至 VOCs 废气收集处理系统；无法密闭的，是否采取局部气体收集措施，并将废气排至 VOCs 废气收集处理系统	关键	是□　否□	
39		溶剂加工类	液态 VOCs 物料是否采用密闭管道输送方式或采用高位槽（罐）、桶泵等给料方式密闭投加。未密闭投加的，是否在密闭空间内操作，或进行局部气体收集，并将废气排至 VOCs 废气收集处理系统	关键	是□　否□	
40			设备进料置换废气、挥发排气、反尾气等是否排至 VOCs 废气收集处理系统	关键	是□　否□	
41			反应期间，设备的进料口、出料口、检修口、搅拌口、观察孔等开口（孔）在不操作时是否保持密闭	关键	是□　否□	
42			分离静置、真空系统、配料加工等过程是否密闭操作并将废气收集排至处理系统	关键	是□　否□	
43	设备与组件（溶剂加工类）	载有气态/液态 VOCs 物料的设备与管线组件（如泵、压缩机、阀门、开口阀或开口管线、法兰及其他连接件、泄压设备、取样连接系统等）的密封点≥2 000 个时，是否实施 LDAR		关键	是□　否□	
44		任一含涉 VOCs 物料的设备密封点是否采用物理挂牌或电子标识等方式建立唯一且现场易识别的编码		关键	是□　否□	

续表

序号	环节	核查内容	核查优先级	核查结果	备注
45	设备与组件（溶剂加工类）	LDAR 建档是否覆盖整个厂区或装置中的所有受控点	关键	是□　否□	
46		LDAR 建档方式是否具备直观、查找快捷等特点，能及时发现误建、漏建设备组件	一般	是□　否□	
47		密封点分类是否按照相关规定的类型划分	一般	是□　否□	
48		受控点的计数是否按照《石化企业泄漏检测与修复工作指南》密封点计数原则，无漏计、错计	一般	是□　否□	
49		是否按规定频次对设备与管线组件的密封点进行 VOCs 泄漏检测	关键	是□　否□	
50		抽测时是否有严重泄漏点（≥10 000 μmol/mol）	关键	是□　否□	
51		是否按规定时间对设备与管线组件的泄漏密封点进行及时修复并复测	关键	是□　否□	
52		未能及时修复的密封点是否进行延迟修复并挂牌	关键	是□　否□	
53		现场随机抽查，在检测不超过 100 个密封点的情况下，是否未发现有 2 个以上（不含）不在修复期内的密封点出现可见泄漏现象或超过泄漏认定浓度的	关键	是□　否□	
54		检测与修复记录是否有可追溯的电子台账，长期保存并定期更新	关键	是□　否□	
55		VOCs 治理设施和储罐的密封点是否纳入检测计划中	一般	是□　否□	
56	敞开液面	是否采取密闭管道等措施替代地漏、沟、渠、井等废水和循环水集输系统敞开式集输方式	一般	是□　否□	
57		废水集输、储存、处理处置过程中的集水井（池）、调节池、隔油池、曝气池、气浮池、浓缩池等高浓度 VOCs 逸散环节是否采用密闭收集措施，并回收利用	关键	是□　否□	

续表

序号	环节	核查内容	核查优先级	核查结果	备注
58	敞开液面	在生化池等低浓度 VOCs 逸散环节是否采用密闭工艺，并采取相应的处理措施	一般	是□　否□	
59		循环水塔进出口总有机碳（TOC）或可吹扫有机碳（POC）是否每 6 个月至少开展一次监测工作	关键	是□　否□	
末端治理					
60	废气收集	废气收集装置是否与生产工艺设备同步运行	关键	是□　否□	
61		废气排放是否进行密闭收集（含集气罩方式）	关键	是□　否□	
62		无组织排放是否收集到位（现场无明显异味）	关键	是□　否□	
63		采用外部集气罩的，距排气罩开口面最远处的 VOCs 无组织排放位置，控制风速是否≥0.3 m/s（有行业具体要求的按相规定执行）	关键	是□　否□	
64		废气收集系统是否负压运行；处于正压状态的，是否有泄漏	关键	是□　否□	
65		废气收集系统的输送管道是否密闭、无破损	关键	是□　否□	
66		集气罩的吸气方向是否与污染气流运动方向一致、管路有明显的颜色区分及走向标识	一般	是□　否□	
67		侧吸式控制风速是否满足：有毒气体 0.5 m/s，粉尘 1.0 m/s	一般	是□　否□	
68		下吸式控制风速是否满足：有毒气体 0.6 m/s，粉尘 1.1 m/s	一般	是□　否□	
69		上吸式控制风速是否满足：有毒气体 0.6 m/s，粉尘 1.2 m/s	一般	是□　否□	
70		废气风管是否未同时包含局部排风系统与整体排风系统	一般	是□　否□	

续表

序号	环节	核查内容	核查优先级	核查结果	备注
71	治理设施	治理设施设备、材料、仪表等重要部件的型号规格、运行状态和各项参数是否符合设计要求	关键	是□ 否□	
72		治理设施是否正常运行，治理前后有无规范的采样口	关键	是□ 否□	
73		治理设施实际处理效率是否符合设计要求，核查废气是否达标排放	关键	是□ 否□	
74		治理设施是否存在二次污染	关键	是□ 否□	
75		二次污染物是否正确处理与处置	关键	是□ 否□	
76		废过滤棉、废吸附剂、废催化剂等，是否交由有危险废物处理资质的单位进行处置	关键	是□ 否□	
77	蓄热燃烧法关键参数	当废气含有酸、碱类气体时，是否采用中和吸收等工艺进行预去除	关键	是□ 否□	
78		当废气中的颗粒物为易反应、易聚合的有机物时，是否采用过滤、喷淋、静电捕集等方式进行预处理	关键	是□ 否□	
79		废气在燃烧室的停留时间一般≥0.75 s	关键	是□ 否□	
80		进入蓄热燃烧装置的有机物浓度应低于其爆炸极限下限的25%	关键	是□ 否□	
81		进入蓄热燃烧装置的废气中颗粒物浓度应低于5 mg/m^3，含有焦油、漆雾等黏性物质时应从严控制	关键	是□ 否□	
82		进入蓄热燃烧装置的废气流量、温度、压力和污染物浓度不宜出现较大波动	一般	是□ 否□	
83		含卤素的废气不宜采用蓄热燃烧法处理	一般	是□ 否□	
84		蓄热燃烧装置应设置自动控制系统，应具有自动记录温度变化曲线的功能以备查。一般情况下燃烧温度应不低于720℃	关键	是□ 否□	

续表

序号	环节	核查内容	核查优先级	核查结果	备注
85	催化燃烧法关键参数	进入催化装置前废气中的颗粒物含量高于 10 mg/m³ 时，应采用过滤等方式进行预处理	关键	是□ 否□	
86		进入催化燃烧装置不得含有引起催化剂中毒的物质	关键	是□ 否□	
87		VOCs 氧化催化剂应有质检部门出具的合格证明	一般	是□ 否□	
88		气体燃烧温度应控制在 300～500℃，停留时间≥0.75 s	关键	是□ 否□	
89	吸附法关键参数	当废气中颗粒物含量超过 1 mg/m³ 时，应采用过滤或洗涤等方式进行预处理	关键	是□ 否□	
90		当废气中含有吸附后难以脱附或造成吸附剂中毒的成分时，采用洗涤或预处理等预处理方式处理	关键	是□ 否□	
91		当废气温度较高时，采用换热或稀释等方式调节温度低于 40℃	关键	是□ 否□	
92		废气湿度≤70%	一般	是□ 否□	
93		采用颗粒状吸附剂时，固定床吸附装置吸附层的气体流速在 0.6 m/s	一般	是□ 否□	
94		采用纤维状吸附剂（活性炭纤维毡）时，固定床吸附装置吸附层的气体流速<0.15 m/s	一般	是□ 否□	
95		采用蜂窝状吸附剂时，固定床吸附装置吸附层的气体流速<1.2 m/s	一般	是□ 否□	
96		对于采用蜂窝状吸附剂的移动式吸附装置，气体流速<1.2 m/s	一般	是□ 否□	
97		吸附装置的停留时间一般为 0.8～1.2 s	一般	是□ 否□	
98		使用热空气再生时，对于活性炭和活性炭纤维吸附剂，热气流温度<120℃；对于分子筛吸附剂，热气流温度<200℃；含有酮类等易燃气体时，不得采用热空气再生	一般	是□ 否□	
99		含有环己酮等酮类易燃气体时，不得采用热空气再生	一般	是□ 否□	
100		解吸气体的后处理采用冷凝回收、液体吸收、催化燃烧或高温焚烧等方法处理，达标后排放	关键	是□ 否□	

续表

序号	环节	核查内容	核查优先级	核查结果	备注
101	光催化氧化法关键参数	灯管清洁程度	关键	是□　否□	
102		是否有明显烧结现象	关键	是□　否□	
103		是否有催化剂、灯管更换记录等	关键	是□　否□	
104		所用催化剂种类、催化剂负载量等参数，出具所用电气元件的防爆合格证与灯管发射185 nm波段的占比情况检验证书	关键	是□　否□	
105	吸收法关键参数	非水溶性组分的废气不得仅采用水或水溶液洗涤吸收方式处理	关键	是□　否□	
106		吸收塔的高度应能保证气液有足够的有效接触时间	一般	是□　否□	
107		吸收液再生过程中产生的副产物应回收利用，产生的有毒有害产物应按照有关规定处理处置	一般	是□　否□	
108	等离子体法关键参数	提供处理装置设计的电压、频率、电场强度、稳定电离能等参数，同时出具所用电气元件的出厂防爆合格证	关键	是□　否□	
109		颗粒物进气浓度$<10\ mg/m^3$	关键	是□　否□	
110		湿度<50%	一般	是□　否□	
111		运行温度40℃左右，确保安全运行	一般	是□　否□	
112	生物法关键参数	空床停留时间一般为15～60 s	一般	是□　否□	
113		适宜的温度为15～35℃	一般	是□　否□	
114		废气进入装置前，粉尘浓度$<30\ mg/m^3$，湿度在25%以上，温度<35℃，含油量为$12\sim15\ mg/m^3$	一般	是□　否□	

续表

序号	环节	核查内容	核查优先级	核查结果	备注
115	运行管理	是否在生产设施启动前开机，生产设施停车后将生产设施或治理设施自身存积的气态污染物全部进行净化处理后停机，并在生产设施运营全过程（包括启动、停车、维护等）保持正常运行	关键	是□　否□	
116		是否设定控制指标，并划定正常运行的范围限值	关键	是□　否□	
117		是否连续测量并记录治理设施控制指标温度、压力（压差）、时间和频率值。再生式活性炭连续自动测量并记录温度、再生时间和更换周期；更换式活性炭连续自动测量并记录温度、更换周期及更换量。记录保存 3 年以上	关键	是□　否□	
118		是否定期检查运行状况、总用电量瞬时值和累计值连续测量记录	关键	是□　否□	
119		是否依据巡视检查结果适时开展维护保养工作	关键	是□　否□	
120		发生故障时是否将故障报警信息及时报送并设置明显故障标示，待修复完成后方可投入运行	关键	是□　否□	
121		发生不正常运行时是否立即进入停机程序，并在确保安全的前提下尽快停机	关键	是□　否□	
122	台账管理	建立环境管理台账，记录基本信息、生产设施运行管理信息、污染防治设施运行管理信息、监测记录信息及其他环境管理信息等	关键	是□　否□	
在线监测					
123	监测系统	废气有组织排口是否安装在线监测仪器并配置 DCS 系统	关键	是□　否□	
124	通信	现场在线率>90%	关键	是□　否□	
125		正常情况下掉线后，在 5 min 内重新上线	一般	是□　否□	

续表

序号	环节	核查内容	核查优先级	核查结果	备注
126	通信	系统每日掉线次数≤5次	一般	是□ 否□	
127		报文传输稳定性在99%以上，当出现报文错误或丢失时，启动纠错逻辑，要求数据采集传输仪重新发送报文	一般	是□ 否□	
128	数据传输	对所传输的数据按照《污染源在线自动监控（监测）系统数据传输标准》（HJ/T 212—2017）中规定的加密方法进行加密处理传输，保证数据传输的安全性	一般	是□ 否□	
129		服务器端对请求连接的客户端进行身份验证	一般	是□ 否□	
130	通信协议	现场系统和上位机的通信协议符合 HJ/T 212—2017 中的规定，正确率为100%	一般	是□ 否□	
131	数据传输	系统稳定运行后，对一段时间的数据进行检查，对比接收的数据和现场的数据完全一致，抽查数据正确率为100%	一般	是□ 否□	
132	联网	系统稳定运行1个月，不出现除通信稳定性、通信协议正确性、数据传输正确性以外的其他联网问题	一般	是□ 否□	
133	巡检维护	日常巡检间隔不超过7 d，巡检记录包括检查项目、检查日期、被检项目的运行状态等	一般	是□ 否□	
134		日常维护保养记录保养内容、保养周期或耗材更换周期等，以及更换标准物质的来源、有效期和浓度等	一般	是□ 否□	
135		氢气发生器每周添加一次纯净水	一般	是□ 否□	
136		氢气发生器每2个月检查一次变色硅胶的变色情况，超过2/3变色更换变色硅胶	一般	是□ 否□	

续表

序号	环节	核查内容	核查优先级	核查结果	备注
137	巡检维护	至少每半年检查一次零气发生器中的活性炭和 NO 氧化剂，根据实用情况进行更换	一般	是□　否□	
138		至少每半年检查一次氢气发生器电解液，根据实用情况进行更换	一般	是□　否□	
139		至少每 3 个月检查一次非甲烷总烃在线监测系统的过滤器、采样管路的结灰	一般	是□　否□	
140		至少每 3 个月检查一次流速探头的机会和腐蚀情况、反吹泵和管路的工作状态	一般	是□　否□	
141		日常巡检或维护中发现故障和问题，及时处理并记录	一般	是□　否□	
142	定期校准校验	具有自动校准功能的非甲烷总烃在线监测系统每 24 h 自动校准一次仪器零点和量程	一般	是□　否□	
143		无自动校准功能的非甲烷总烃在线监测系统至少 30 d 用零气和高浓度标准气（80%～100%的满量程值）或校准装置校准一次仪器零点和量程	一般	是□　否□	
144		无自动校准功能的流速在线监测系统至少 3 个月校准一次仪器零点和量程	一般	是□　否□	
145		至少 3 个月做一次标定校验，标定校验用参比方法和在线监测系统同时段数据进行比对	一般	是□　否□	

高除雾器性能等。部分企业可在现有脱硫设备基础上通过增加浆液循环量、提高除雾器性能等简单技术改造即可削减排放量。如对脱硫塔进行系统设计与重新改造，每家企业经过1～2年的改造时间，SO_2排放可进一步减排至10 mg/m^3以下。

2. 脱硝增效技术

SCR脱硝技术在规模较大的电力机组中应用较多，小机组则多采用SNCR或SNCR+SCR脱硝技术。SCR技术是在催化剂的作用下，用还原剂（液氨、氨水或尿素制备的NH_3）将烟气中的NO_x还原为无害的氮气和水的技术。SCR脱硝技术的脱硝效率通常为50%～90%，影响脱硝效率的因素主要包括催化剂性能、烟气温度、反应器及烟道的流场分布均匀性、氨氮摩尔比等。脱硝增效技术包括优化低氮燃烧器、增加催化剂用量、改用优质催化剂、高效喷氨混合和流场优化技术。

（1）低氮燃烧技术。该技术通过合理配置炉内流场、温度场和燃料分布以及改变NO_x的生成环境，从而降低炉膛出口NO_x的排放浓度，主要包括低氮燃烧技术、空气分级燃烧技术、燃料分级燃烧技术等。低氮燃烧技术仅需对锅炉内部进行改造，适用性强，其对NO_x减排率可达20%～50%。低氮燃烧技术一般配合空气分级燃烧技术使用，两者组合可使NO_x减排率达到40%～60%。江苏省燃煤电厂已基本完成低氮燃烧改造，但由于老锅炉炉型的限制，改造效果并不理想，新式锅炉低氮燃烧出口的NO_x浓度可达180 mg/m^3，而低氮燃烧改造老锅炉出口的NO_x浓度为250 mg/m^3左右。

（2）增加催化剂层数与改用优质催化剂。目前，应用于烟气SCR工艺中的主流催化剂为钒钛基催化剂，反应温度一般为300～400℃。当采用此类催化剂时，通常以氨或尿素作为还原剂。催化剂价格从1万/m^3到10万/m^3不等，与其使用寿命、是否能够可再生均有关系。在现有基础上再增加一层催化剂，可有效降低NO_x排放水平，企业应在全面评估承重安全与空间限制等因素后实施催化剂的增添。另外，在启停炉阶段或低负荷情况下，由于烟气温度较低催化剂达不到最佳反应温度窗口，导致脱硝效率降低，是电力行业脱硝面临的关键问题，更换宽负荷低温催化剂是目前催化剂优化的关键措施。

（3）高效喷氨和流场优化可行性。控制喷氨总量以及分区域的喷氨量，控制合理的氨氮摩尔比，减少氨逃逸量，可在一定程度上提高脱硝效率。部分煤电企业可在现有机组上加装精准喷氨系统，以提高脱硝效率，减少脱硝剂的使用，对

NO_x 减排有积极贡献。

3. 除尘工艺

江苏省内燃煤电厂烟气一次除尘技术一般为袋式除尘技术、静电除尘技术、电袋复合除尘技术，其中约 74.6%容量的燃煤电厂采用静电除尘技术，此外还有约 50.2%容量的燃煤电厂采用湿电除尘技术，实现超低排放的主流技术路线为静电除尘技术+湿电除尘技术、电袋复合除尘技术+湿电除尘技术。

目前，实现除尘增效的技术路线主要为静电除尘技术+湿电除尘技术、电袋复合除尘技术+湿电除尘技术，加装湿式电除尘设施是最有效的除尘增效技术。湿式电除尘器可有效收集 $PM_{2.5}$、气溶胶、重金属等，可去除湿法脱硫后的粉尘、石膏浆液雾滴，烟尘排放浓度能长期处于 5 mg/m^3 以下，甚至更低水平。

4. 全负荷脱硝改造

火电机组实施全负荷脱硝改造主要包括低负荷脱硝改造和优化机组启停机操作。低负荷脱硝改造的主要目的是大幅降低脱硝低温退出的负荷点，基本实现 30%额定负荷脱硝入口烟温不低于 300℃，保证机组并网后、在正常调峰负荷内（30%～100%）脱硝全程投入。主要改造方法包括通过改造锅炉热力系统提高脱硝入口烟温和采用宽温催化剂两种。锅炉热力系统改造方案主要包括省煤器分级改造、加热省煤器给水、省煤器分割烟道、省煤器烟气旁路改造、省煤器水旁路改造等。其中，省煤器分级改造、加热省煤器给水和省煤器分割烟道应用较多。宽温催化剂是在常规催化剂的基础上，通过添加其他成分改进催化剂性能，提高低温下的催化剂活性，保障低负荷下脱硝系统运行。机组启停过程中（低于 30%额定负荷），由于炉内热负荷低，锅炉给水温度也相应降低，导致烟温下降，脱硝装置不能运行。因此必须优化启停机操作，提升脱硝入口烟温，使机组在启停过程中的脱硝装置能够有效运行，从而实现机组全负荷状态下脱硝装置正常运行。机组启停机过程中的烟温提升技术主要包括提高锅炉给水温度，提高过（再）热蒸汽温度，增加锅炉燃料投入量提高炉内热负荷，减少锅炉尾部烟道受热面吸热量等。

5. 深度减排注意问题

电厂深度减排压降 NO_x 浓度可能带来氨逃逸、设备损耗与能耗增加等问题，实施深度减排的同时应合理控制脱硝剂用量及治理设施运行能耗。压降企业 NO_x 排放浓度时，企业常采用的主要手段为通过增加脱硝剂的用量来实现较低的排放水平，由于喷入脱硝设施内的尿素或氨水溶液过量，因此造成氨逃逸。典型企业 SCR 脱硝设施不同点位排放情况如图 4-4-5 所示，脱硝设施 A 侧 4 个检测口氨浓度差异较大，分别为 0.4 mg/m^3、34.22 mg/m^3、31.85 mg/m^3、44.48 mg/m^3，对应的 NO_x 浓度分别为 60.09 mg/m^3、8.04 mg/m^3、6.21 mg/m^3、7.47 mg/m^3，产生浓度差异的主要原因是由于企业场地面积限制，机组锅炉尾气烟道弯折较多，导致进入脱硝设备的烟气分布均匀性较差。

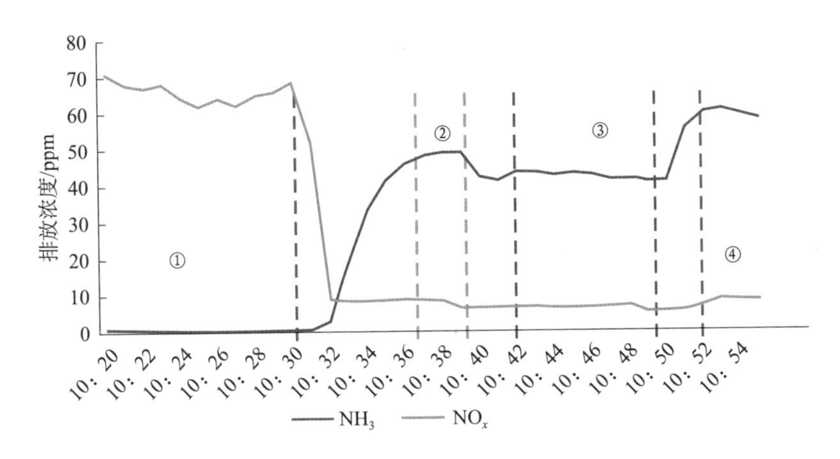

图 4-4-5　典型企业 SCR 脱硝设施不同点位排放情况

（①、②、③、④分别为 4 个检测口）

一般来说，采用更为高效的脱硝、脱硫与除尘设备会造成不同程度的能耗增加，但企业可通过实施其他方面的节能措施来平衡增加量。

4.4　钢铁行业绿色发展路径

苏州市通过积极贯彻国家政策并制定《苏州市钢铁企业超低排放改造实施方案》，成功推动了全市 4 家主要钢铁企业完成全流程超低排放改造，具体改造措施和成效见表 4-4-7 和图 4-4-6。这一过程中，苏州不仅通过政策驱动和差别化管理形成倒逼机制，激励企业内生动力进行改造，还通过提供技术指导和资金支持，包括组织专家现场帮扶、协助申请中央资金补助近 1 亿元，有效缓解了企业的财务压力。这些综合措施不仅促进了企业减少 NO_x、SO_2 和 PM 排放，提升了环境管理水平和市场竞争力，还显著改善了区域环境质量，增强了城市的生态文明建设。苏州市的实践为其他地区的钢铁行业提供了可借鉴的宝贵经验，展示了钢铁行业通过绿色转型实现可持续发展的可行性，同时为城市的可持续发展注入了新的活力，提升了经济和环境的双重价值。

表 4-4-7　苏州市 4 家钢铁绿色发展措施与成效

序号	企业名称	绿色发展措施	成效
1	浦项（张家港）不锈钢股份有限公司	建设了高密度的喷淋洒水系统以常态化保持湿润降尘，并在厂区内布设了 29 台空气质量微站，实现环境监控	获“花园式工厂”美称，厂区环境得到了显著改善
2	江苏沙钢集团	建成亚洲最大的煤焦筒仓项目，采用皮带机密闭输送，减少物料损耗和无组织排放，同时创新非封闭料场超低排放改造技术——全数字化防尘电子大棚，实现有效监测和管理	年减排粉尘约 1 000 t，TSP 浓度同比降低约 50%，与封闭大棚效果相当。在环保技术和管理上不断创新，特别是在无组织排放的控制上取得了显著成效
3	江苏永钢集团有限公司	在 2015 年率先建设了国内首套具有完全自主知识产权的干法活性焦脱硫脱硝装置，并在 2020 年进行了迭代升级以满足超低排放要求	确保了企业稳定达到超低排放限值要求，同时注重技术创新和自主知识产权的开发，为钢铁行业的环保技术进步作出了贡献
4	常熟龙腾特种钢有限公司	投资建设了 23.5 MW 棚顶光伏项目，成为国内最大跨度的弧形 BIPV 项目	贡献了可复制的首创案例，积极响应“双碳”政策，通过光伏发电项目实现清洁能源的有效利用和碳排放的减少，每年可提供约 4 850 万 kW·h 清洁电力，减少碳排放量约 3.8 万 t。相应码头成为江苏省首个“碳中和”码头。推动企业向绿色、低碳方向转型

图 4-4-6　苏州市钢铁行业改造效果

4.5　扬尘精细化治理

苏州市通过科技赋能、多级联动等措施，实现扬尘精细化管控。苏州市采取“五级联动工作机制”，利用“铁塔天眼”系统全天候监控秸秆焚烧，通过高清视频摄像头和 AI 智能分析技术快速定位并处理火点，有效应对秸秆焚烧高发期的环境管理挑战。截至 2022 年 10 月，全市已有 10 360 个监控点位，监控点位计划增至 14 000 多个以实现本地耕地的全域覆盖。此外，苏州市和常熟市率先启用智慧工地监管系统（以下简称监管系统），通过 AI 抓拍和互联网技术，实现了对施工场所的实时监控和管理。自投入使用以来，截至 2023 年 8 月，监管系统已有效推送并整改 1 000 余条违章信息，整改率超过 95%。

第 5 章　苏州市大气污染防治成效

5.1　空气质量持续改善

如图 4-5-1 所示，2019—2021 年，苏州市环境空气质量监测的常规六项参数浓度均同比下降，空气质量明显改善。2021 年，$PM_{2.5}$、PM_{10}、O_3、NO_2、SO_2 和 CO 的年均浓度相较 2019 年均有所下降，其中 $PM_{2.5}$ 连续两年达到《环境空气质量标准》（GB 3095—2012）二级标准，PM_{10} 连续 2 年低于 50 μg/m³，SO_2 持平。

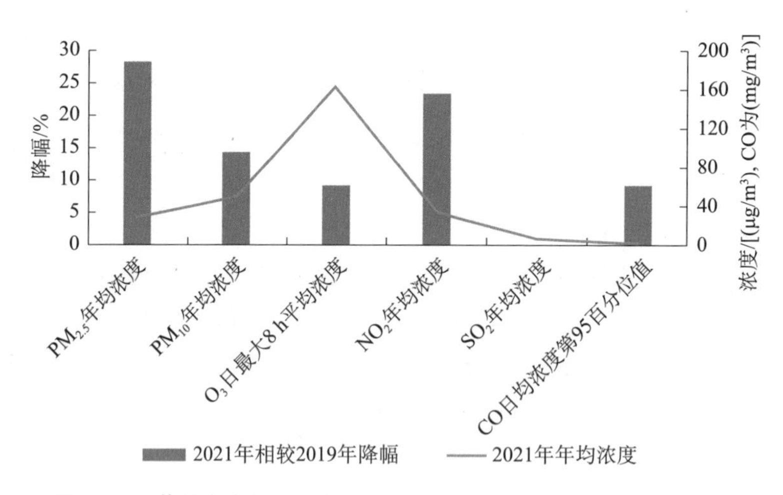

图 4-5-1　苏州市常规六项参数 2019—2021 年降幅和 2021 年均浓度

5.2　稳定消除重污染天

2019—2021年，苏州市基本消除重度及以上污染天，中度污染天数和轻度污染天数显著下降。苏州市2019年中度污染10 d，轻度污染71 d；2020年重度污染1 d，中度污染8 d，轻度污染48 d；2021年中度污染4 d，轻度污染49 d；2021年，苏州市环境空气质量（AQI）优良率达到85.5%，同比2019年上升7.7个百分点。

5.3　$PM_{2.5}$浓度大幅下降

2021年，$PM_{2.5}$年均浓度为28 μg/m³，相较2019年下降11 μg/m³。2019—2021年，$PM_{2.5}$中二次无机盐、碳组分浓度明显下降，表明近年来主要污染物排放大幅下降。2021年，NO_3^-离子浓度较2019年下降1.11 μg/m³；SO_4^{2-}离子浓度下降1.05 μg/m³；NH_4^+离子浓度下降0.74 μg/m³；Na^+离子浓度下降0.14 μg/m³；OC浓度下降2.08 μg/m³；EC浓度下降0.43 μg/m³。

5.4　苯系物、烯烃和四氯乙烯浓度呈下降趋势

2019—2022年，青剑湖站点VOCs监测数据显示，在臭氧污染季（4—10月）TVOC的平均浓度为24～34 ppb，VOCs中的大量物种为活性较为稳定的物种。如图4-5-2所示，从VOCs特征物种变化上看，苯系物浓度呈现下降趋势，天然源示踪物异戊二烯和机动车源示踪物甲基叔丁基醚浓度呈上升趋势，乙烯、丙烯、四氯乙烯浓度呈波动下降变化趋势。综合来看，2019—2022年整体温度上升，有利于包括天然源在内的VOCs排放，但苏州市溶剂使用源和工业源VOCs排放均呈下降趋势，说明减排控制效果较好。

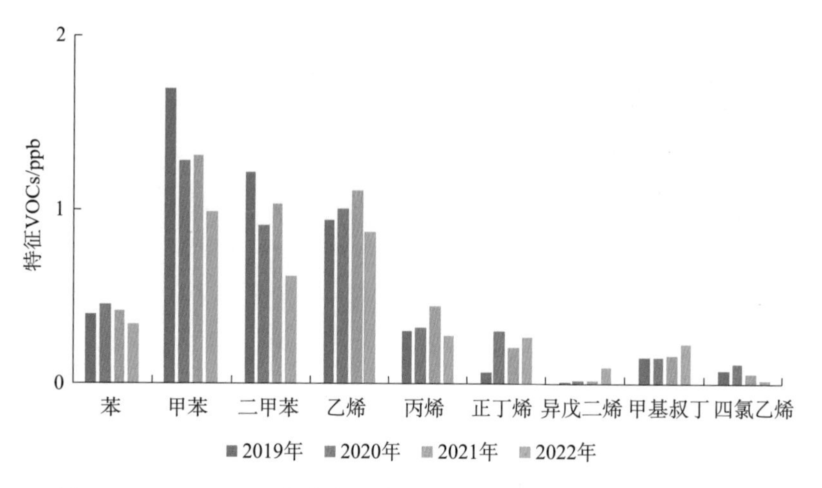

图 4-5-2 2019—2022 年臭氧污染季（4—10 月）特征 VOCs 变化趋势

5.5 助推经济高质量发展

环境保护优化经济增长模式，推动绿色经济高质量发展。2021 年，苏州市 $PM_{2.5}$ 浓度达到 28 μg/m³，居江苏省第 1 位，优良天数比例达到 85.5%，相较 2019 年 $PM_{2.5}$ 浓度下降 11 μg/m³，优良天数比例提升 7.7%。培育了绩效引领性企业 11 家，重点行业绩效分级 A 级企业 15 家、B 级企业 112 家，企业污染治理水平显著提升。2021 年，全市机动车保有量超 478 万辆，相较 2019 年增加 11.8%，位居全国第 4。与此同时，全市地区生产总值达到 2.27 万亿元，排名为江苏省第 1 位、全国第 6 位。实现大气环境质量改善与经济高质量发展互促并进。

第五篇　南通篇

第1章　引　言

南通市近年来经济持续增长，企业数量多、行业种类丰富。作为江苏省沿江城市之一，南通市面临钢铁、化工等重点排污行业从沿海向沿江转移的环境承载压力。南通市通过不断提升污染治理与监管水平，在产业结构和布局调整上下大力气，以加强污染深度治理，推进柴油货车监管和老旧柴油车淘汰，提升扬尘、港口码头和工业无组织颗粒物排放管控水平，提升检测监控管理水平为重点，促进产业结构、运输结构和用地结构调整，不断提升清洁生产水平，提高能源清洁化与集中利用水平，实现全市 $PM_{2.5}$浓度持续下降。促进 $PM_{2.5}$与臭氧协同控制、$PM_{2.5}$与温室气体协同减排，推进区域联防联控，提升大气污染精细化防控能力。

第2章　城市概况与污染特征

2.1　城市概况

2.1.1　地理位置和气候

南通市地处江苏省东南部、中国东部海岸线与长江交汇处，南临长江，经苏通大桥、崇启大桥两条跨江通道分别与苏州市、上海市跨江相连，东濒黄海，西北与盐城市接壤，西与泰州市为邻。南通地处长江下游冲积平原，属于北亚热带湿润性气候区，季风影响明显，气候温和，四季分明，春秋两季较短。

2.1.2　社会经济发展情况

近10年来，南通市经济持续增长。2023年，地区生产总值为11 813.3亿元，比2022年增加5.8%。全市产业结构不断调整，第一产业比重总体呈下降趋势，第二产业比重在2016年之后有小幅上升，在2019年后保持在49%左右，第三产业比重整体呈上升趋势。2016年，第三产业比重首次超过第二产业比重，实现了产业结构“三、二、一”的转变。2019年三次产业结构比重为4.6∶49∶46.4，第二产业比重再次超过第三产业比重。2023年，三次产业结构比重为4.4∶48.5∶47.1，第二产业比重依旧高于第三产业比重。

2.1.3　能源消费情况

2017年以来，在“263”专项整治、“三河三行”整治等多项环境整治政策的推动下，南通市以工业整治为重点，取缔小“散乱污”企业和中小锅炉，淘汰落后低端化工、印染及钢丝绳产能，煤炭消费降幅显著。2022 年南通市规模以上工业原煤消费量 1 935.4 万 t，同比下降 4.1%。

从能源结构消费来看，煤炭一直是南通市的能源消费主体。南通市规模以上工业企业能耗品种主要为原煤、电力、热力和天然气。2022 年，原煤消费量折合为 1 819.3 万 t 标准煤，占南通市规模以上工业企业能源消费总量的 61.6%，相较 2019 年，占比下降约 26.5 个百分点。通过煤炭消费总量控制及燃煤锅炉清洁化改造等一系列政策措施，南通市规模以上工业企业煤炭消费量持续下降，2022 年原煤占能源消费总量的比重较 2021 年下降了 4.5 个百分点，城市生活垃圾、生物燃料、余热余压和其他工业废料（用于燃料）的消费比重总和上升了 0.3 个百分点。

从行业来看，2022 年南通市重点能耗工业企业综合能源消费量（当量值）为 1 008.4 万 t 标准煤，其中，电力、热力生产和供应业及化学原料和化学制品制造业等行业综合能源消费量较大，分别为 534.2 万 t 标准煤、133.9 万 t 标准煤，分别占重点能耗工业企业综合能源消费总量的 53.0%、13.3%。原煤消费集中在电力、热力生产和供应业，占比约 96.0%。

2.1.4 面临沿江重点行业产业转移压力

2010 年以来，江苏省钢铁产能持续增长，2019 年钢铁产量是 2010 年的 1.63 倍，面临产业结构调整的巨大压力。截至 2018 年，江苏省钢铁产能 75%分布在沿江地区，15%分布在沿海地区（连云港、盐城），苏北（淮安、徐州）占 10%。其中，苏州市产能全省最大，粗钢、生铁产能分别占全省的 26.9%、29.6%。沿江和环太湖地区人口密集、环境敏感，资源环境承载压力过大，产业布局与经济社会发展的矛盾日益突出。

沿海地区通风条件和扩散能力相对较好（通风系数普遍大于 2 000），大气对污染物的自净能力相对较高，污染物不易聚集，是江苏省清洁空气的重要通道，对江苏省大气质量的改善起到至关重要的作用。根据 WRF－CMAQ 模式的拟结果，如布局等量的大气污染物，则南通市 $PM_{2.5}$ 浓度是分别是南京市、徐州市、常州市的 52%、64%、72 %。相比内陆地区，沿海地区布局污染排放项目对局地空气质量的影响更小。

另外，沿海城市的产业布局在一定的气象条件下会影响内陆城市空气质量，根据 2019 年气团影响分析，江苏省外源气团主要来自周边省级行政区及海洋，其中海上气团影响占比达 37%，在盛行风向为东南风的春夏季节，海上气团将携带沿海地区的污染物输送至内陆地区，对全省其他城市大气环境质量造成影响。根据沿海 3 个城市（南通、连云港、盐城）的后向轨迹分析，南通市对下风向沿江地区的传输比例为 37.8%，远大于另外 2 个沿江城市，且新增污染物对沿江地区的空气质量影响最大。因此，实施产业转移后，南通市大气污染控制对全省空气质量改善尤为重要。

2018 年，江苏省印发《关于加快全省化工钢铁煤电行业转型升级高质量发展的实施意见》（苏办发〔2018〕32 号）、《省政府办公厅关于印发全省钢铁行业转型升级优化布局推进工作方案的通知》（苏政办发〔2019〕41 号）文件，要求加快构建沿江沿海协调发展新格局，大力推动分散产能的整合，严格控制钢铁行业炼焦产能。为推动钢铁产业从沿江向沿海的战略性布局，江苏省将原址位于常州市中心城区的中天钢铁搬迁至南通通州湾。通州湾靠海，环境承载能力相对更强、土地资源储备也更丰富。中天钢铁南通精品钢项目（以下简称中天南通项目）为全流程钢铁联合生产项目，包括原料场、烧结、球团、石灰石焙烧、焦化、炼铁、炼钢、连铸、线棒型材、精整、钢材深加工、自备电厂等。南通市新上建设项目需按 2 倍削减替代主要污染物排放总量，钢铁基地及其相关配套产业给南通市带来大气排放新增量的平衡压力需加大本地减排力度。

2.2　大气污染特征与问题

2.2.1　主要大气污染特征

1. 复合污染特征显著

近年来，南通市空气质量改善显著，2018 年较 2013 年的 $PM_{2.5}$浓度下降了 43.1%。但从 2013 年起，O_3日最大 8 h 第 90 百分位数浓度（以下简称 O_3-8 h 第 90 百分位数浓度）持续上升，自 2015 年开始超标。2018 年 O_3-8 h 第 90 百分位数浓度为 156 μg/m^3，较 2017 年下降 12.8%，低于国家标准，但 O_3 变化趋势尚不稳定，总体呈持续上升态势。

各污染因子的空气质量分指数计算结果表明，2014—2018 年南通市区环境空气的首要污染物以 $PM_{2.5}$和 O_3为主，但 $PM_{2.5}$作为首要污染物的天数逐年下降，O_3和 NO_2作为首要污染物的天数逐年增加。南通市的 O_3污染问题日益突出，2017 年以 O_3为首要污染物的污染天数远超过 $PM_{2.5}$，占全年污染天数的 60%。2018 年 O_3污染有所缓解，O_3和 $PM_{2.5}$作为首要污染物的污染天数相同，均占全年污染天数的 44.8%。NO_2作为首要污染物的污染天均为轻度污染，但已从 2016 年的 3 d 增加到 2017 年的 10 d 和 2018 年的 5 d。近年来，南通市以 $PM_{2.5}$和 O_3为主导的复合污染特征显著。

2. $PM_{2.5}$改善幅度放缓，O_3 浓度波动上升

2016—2018 年，南通市 $PM_{2.5}$浓度（标况数据）分别为 46 μg/m³、39 μg/m³和 41 μg/m³，2018 年 $PM_{2.5}$浓度较 2017 年不降反升。2016—2018 年，南通市地区生产总值增长率居全省首位，$PM_{2.5}$浓度降幅全省排名第 2 位，与同地区生产总值增长率相近的无锡市相比，南通市 $PM_{2.5}$浓度改善幅度低 8 个百分点。从超标天数来看，2018 年超标 50%以上的天数占比最多，达 36%，是 $PM_{2.5}$超标天数最少的 2017 年的 2.1～3.0 倍。

2018 年，南通市 O_3-8 h 第 90 百分位数浓度为 156 μg/m³（标况数据），在江苏省 13 个设区（市）中浓度最低，2017 年和 2018 年分别同比上升 2.9%和下降 12.8%。从江苏全省 O_3污染状况来看，2018 年全省 O_3-8 h 第 90 百分位数浓度为 177 μg/m³（标况数据），同比持平，比 2016 年上升 7.3%，全省 13 个设区（市）中南通市 O_3浓度升幅居中。从实况数据来看，2019 年南通市 O_3-8 h 第 90 百分位数浓度为 156.6 μg/m³，全省 13 个设区（市）中浓度最低。虽然能勉强达标，但较 2018 年的 O_3-8 h 第 90 百分位数浓度实况浓度反弹上升了 7.3%，O_3污染呈波动上升趋势。

3. 紫琅点位污染相对突出，O_3 浓度显著偏高

2016—2018 年，南通市区 5 个国控站点分布示意图和强化观测期间港闸区风玫瑰图如图 5-2-1 所示。各点位的 $PM_{2.5}$、NO_2、SO_2浓度差异不大，紫琅点位的 $PM_{2.5}$、NO_2、O_3浓度均为最高，其中臭氧污染尤其突出，2016 年以来，浓度均为最高，O_3-8 h 第 90 百分位数浓度超出其他点位 16.9%。2018 年，紫琅点位 O_3 超标天数比例超过 70%，从 5 个国控站点 2016—2018 年首要污染物及污染天来看，紫琅点位的超标天数最多，空气质量优良率最低，其中，O_3 作为首要污染物的天数占比达到 70%。紫琅点位位于南通市夏季主导风向（东南风）下风向，O_3 前体物 NO_x 与 VOCs 排放集中于其上风向，前体物污染累积是造成下风向 O_3 高值的重要原因。

位于港闸区的紫琅点位，其 NO_2 浓度 2017 年在各国控站点中最高，且 2015—2017 年每年均为国控站点中 O_3 浓度最高的站点。2018 年各国控站点 O_3 - 8 h 第 90 百分位数浓度较 2017 年均大幅下降，但是紫琅点位是国控站点中唯一一个 O_3 - 8 h 第 90 百分位数浓度仍超标的站点，浓度为 184 μg/m³，超标 15%。

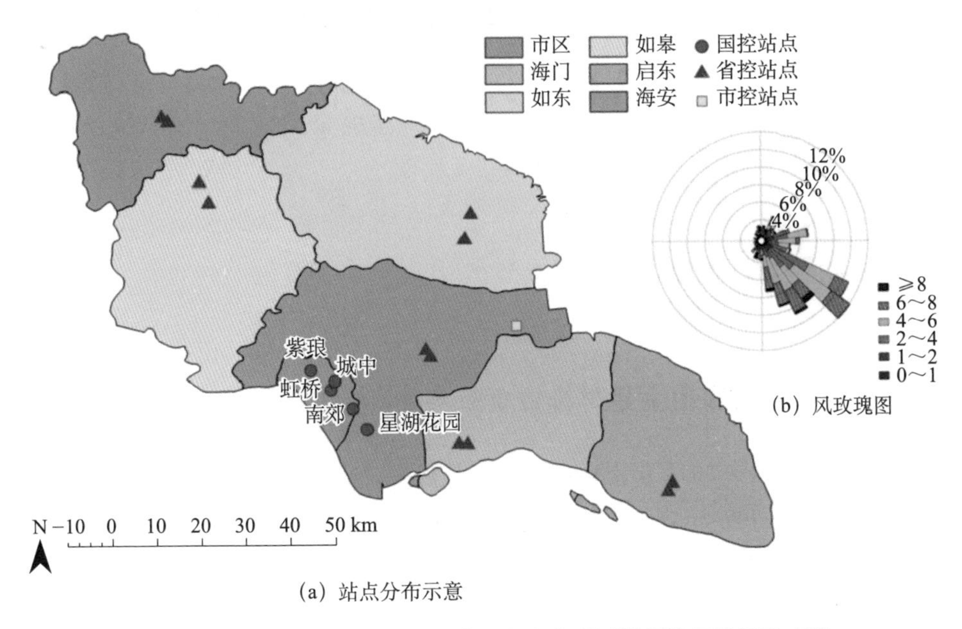

(a) 站点分布示意

(b) 风玫瑰图

图 5-2-1　研究区域站点分布示意图和强化观测期间港闸区风玫瑰图

第3章　臭氧成因分析和VOCs来源解析

3.1　大气污染排放特征

3.1.1　电力供热和冶金建材排放贡献突出

根据清单结果，2019年南通市人为源排放中，SO_2主要来自电力供热和工业锅炉，贡献占比分别为53.6%和9.7%；电力供热对NO_x和CO排放的贡献占比分别为20.4%和28.0%。冶金、建材行业对颗粒物排放贡献突出，冶金行业对$PM_{2.5}$和PM_{10}的排放贡献占比分别为22.0%和11.9%，建材行业对$PM_{2.5}$和PM_{10}的排放贡献占比分别为12.1%和17.5%。

3.1.2　VOCs来源复杂

根据清单结果，2019年南通市VOCs来源较为复杂。石化与化工行业生产工序流程长，VOCs释放环节较多，其排放量占工业源排放总量的39.9%；其次，工业涂装行业由于有涂料的使用，因此对VOCs的贡献率也较高，达22.6%。除此之外，医药制造和化纤行业对VOCs的贡献率也较高，分别为15.2%和7.9%。

3.2 污染成因与来源解析

3.2.1 PM来源解析

2020年3月11—13日，研究人员在通州湾站点（拟国控站点）位置开展了PM在线源解析。基于全国各地的污染源谱库，利用示踪离子法结合相似度法，将采集到的PM分为扬尘、生物质燃烧、机动车尾气、燃煤、工业工艺源以及其他六大来源。根据分析结果，监测期间机动车尾气是首要污染源，占比为38.1%；扬尘是次要污染源，占比为20.7%；燃煤排第3位，占17.3%；工业工艺源占比为8.8%；生物质燃烧源占比最小，为3.6%，工艺过程源占比相对较少，主要是受疫情防控期间企业停限产影响。

利用南通市超级站点的$PM_{2.5}$离子数据，采用PMF模型，研究人员针对2019年1—3月、10—12月开展了清洁/轻度污染$PM_{2.5}$来源解析。由图5-3-1可知，相比清洁天，轻度污染天情况下的二次污染贡献比例和工业源贡献显著增加，分别从43%、26%上升到48%、33%，而扬尘源贡献从9%降至3%。

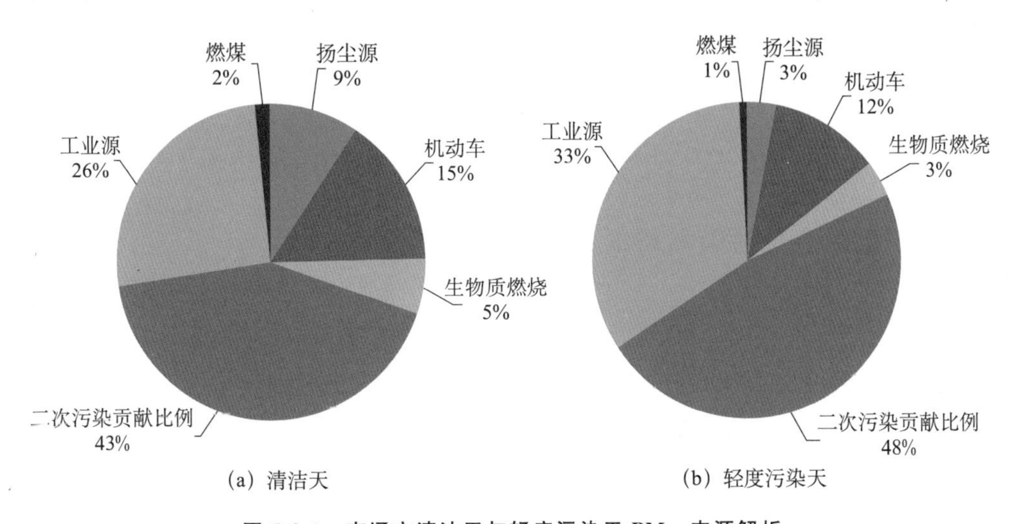

(a) 清洁天　　(b) 轻度污染天

图5-3-1 南通市清洁天与轻度污染天$PM_{2.5}$来源解析

3.2.2 臭氧污染成因分析

PMF 分析结果如图 5-3-2 所示，南通市 VOCs 主要来自工业排放，占比为 28.5%，其次是机动车尾气，占比为 21.8%，溶剂源以及燃烧源的贡献与机动车相当，占比分别为 20.1%、18.3%；另外油气挥发占比为 11.3%。与交通排放相关的合计（机动车尾气+油气挥发）占 33.1%。

从不同排放源对臭氧生成的影响来看，溶剂使用源对臭氧生成贡献最大，虽然其对环境空气 VOCs 浓度的贡献仅占 20.1%，但其对臭氧生成潜势的贡献占 45.9%，是最重要的一类排放源。其次是机动车尾气、燃烧源和工业排放，臭氧生成贡献占比分别为 28.1%、10.6%和 10.0%。

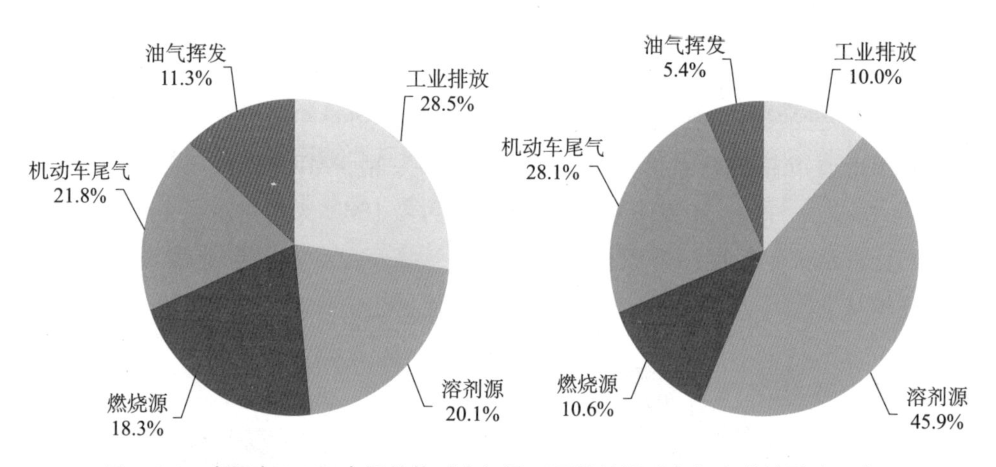

图 5-3-2 南通市 VOCs 来源结构（左）及不同排放源对臭氧生成的影响（右）

3.2.3 紫琅点位污染源解析

1. 紫琅点位大气氧化性强且 VOCs 浓度高

紫琅点位位于南通市城区夏季主导风向的下风向，自 2016 年以来 O_3 浓度均为最高。以位于崇川区的虹桥点位作为对比观测点，在 2018 年 7 月开展 O_3 污染强化观测，结果如图 5-3-3 所示，紫琅点位的 O_x 浓度（NO_2 浓度与 O_3 浓度之和）高于虹桥点位，且 NO、NO_2、NO_x 浓度均高于虹桥点位，表示紫琅点位大气氧化性高于虹桥点位。

如图 5-3-4 所示，从 VOCs 组成来看，紫琅点位大气中烷烃和 OVOCs 对

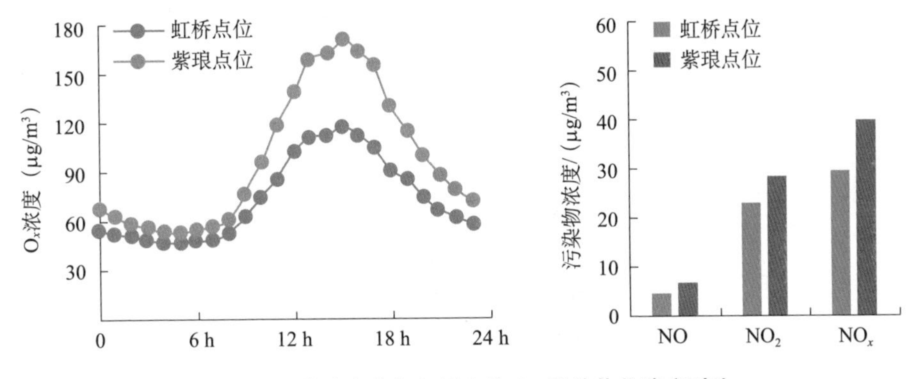

图 5-3-3 紫琅点位与虹桥点位 O_x 及前体物浓度对比

VOCs浓度贡献最大，分别达31%和23%，其次是芳香烃和卤代烃，比例为20%和18%，而虹桥点位大气中烷烃对该地点的VOCs贡献最大，达到51%，其次是卤代烃、OVOCs和芳香烃，比例分别为17%、13%和10%，含量最少的组分是烯烃、炔烃，所占比例为9%，NMHC累计约占TVOC的70%。

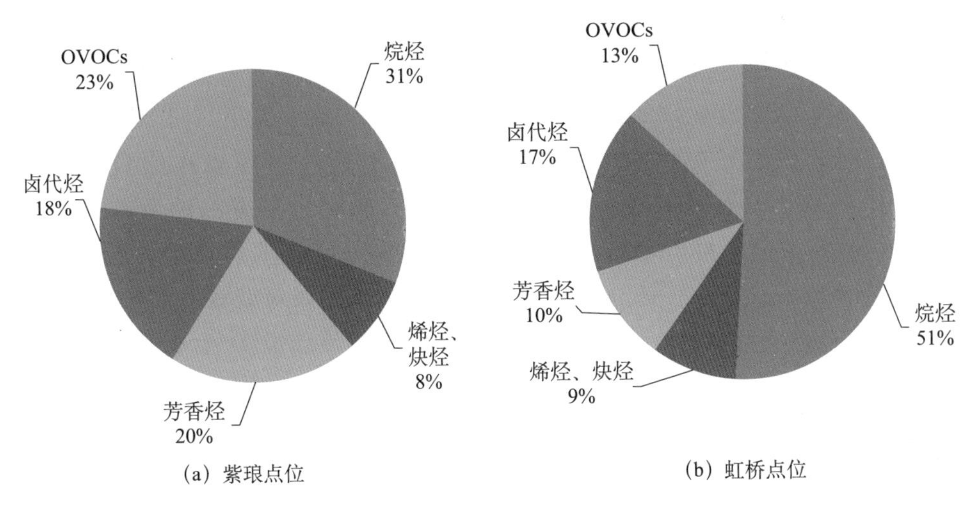

图 5-3-4 紫琅点位和虹桥点位各种组分对VOCs的贡献对比

2. NMHC排放主要来自机动车尾气和工业源

在 O_3 浓度较高的7月对紫琅点位进行加密监测，监测时间为7月13—18日，每日采集7个样品，并进行来源解析和臭氧生成影响分析。来源解析结果如图5-3-5所示，紫琅点位NMHC主要来自工业排放与溶剂使用、生物排放、汽油车尾气排放和柴油车尾气排放共4个排放源。从各排放源的贡献来看，主要来源为汽车（包含汽油车和柴油车）尾气排放，其中汽车的排放贡献合计约为58%，其次是工业排放与溶剂使用，排放贡献可达37%±6%，最后是生物排放，贡献占比为5%±1%。

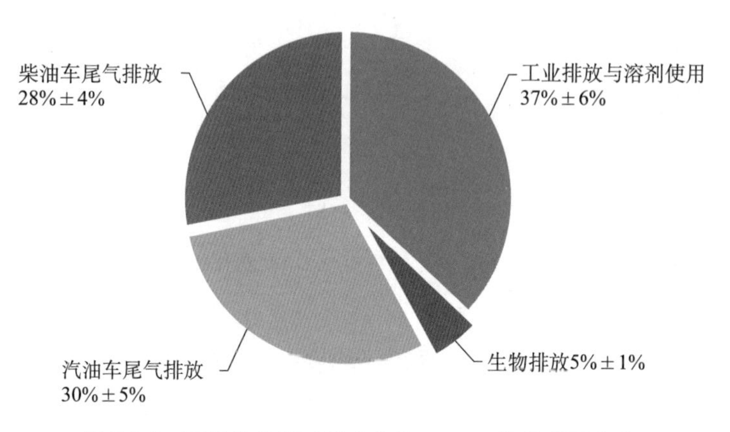

图 5-3-5　不同排放源对紫琅点位 NMHC 的贡献百分比

3. 芳香烃为紫琅点位的优控物种

从对大气中臭氧生成潜势优势物种来看，间/对二甲苯、乙烯、甲苯是紫琅点位中对 OFP 贡献较大的 3 个物种，贡献占比为 42.5%，其中，间/对二甲苯在紫琅点位中对 OFP 的贡献占比尤其突出，达到 23.3%。对紫琅点位 OFP 起主要贡献的多是芳香烃，OFP 最大的 10 个 VOCs 物种中芳香烃的贡献占比达 49.9%，说明溶剂使用/挥发对紫琅点位 O_3 生成可能有重要贡献。乙烯、丙烯、丙烷和异戊烷等是不完全燃烧排放的重要示踪物，对紫琅点位 OFP 的贡献占比为 16.6%，说明机动车等不完全燃烧排放是该点位 O_3 生成的另一重要贡献源。

使用基于观测的箱式模型（OBM），将物种间相互作用、气象等因素考虑在内，进一步分析观测点 VOCs 关键物种。分析结果如图 5-3-6 所示，间/对二甲苯对紫琅点位 O_3 光化学生成的贡献最大，占 49%，其次是甲苯（10%）、正丁烷（8%）、丙烷（8%）和乙烯（6%）。可见紫琅点位大气中芳香烃和 C_3～C_5 烷烃、乙烯对 O_3 光化学生成的贡献最大。

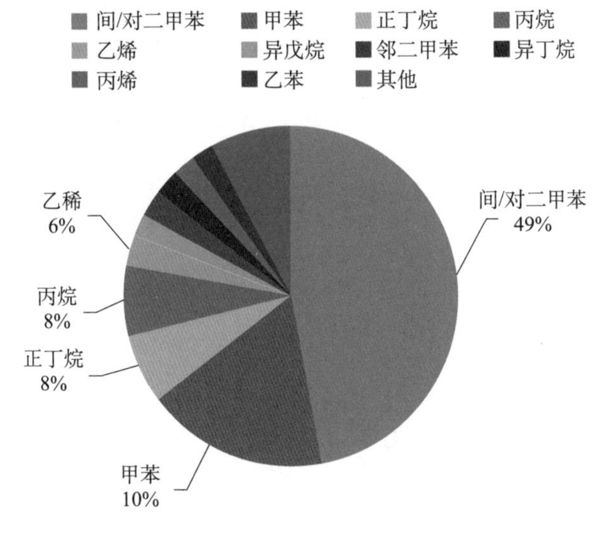

图 5-3-6　各 NMHC 物种对 O_3 光化学生成的相对贡献

第 4 章　大气污染源排放特征

4.1　重点行业现场测试与治理效果评估

综合南通市各国控站点位的 $PM_{2.5}$ 与臭氧污染成因分析结果和大气污染源排放清单测算结果，南通市近期大气环境治理工作应以 VOCs 为重点强化方向，开展协同控制工作。

4.1.1　化纤行业

化纤行业的 VOCs 主要来源于生产工艺过程，包括木浆尾气、放空洗涤塔尾气、干燥器尾气、醋酸回收装置尾气、丙酮吸附尾气等。其他 VOCs 排放源项还包括设备动静密封点泄漏、储罐挥发损失、装卸损失、燃烧烟气排放、废水和冷却水的溢散等。测试的化纤企业合计年排放量约为 1 400 t，其中主要来自有组织排放（约 87%）。企业对于生产过程中的尾气进行了较为全面的处理，对醋酸回收、醋片生产、丙酮回收等环节分别采用了蓄热式热力焚烧炉（RTO）、酸洗塔和吸附床等治理技术，其他环节产生的废气未进行有效的收集和处理。研究人员选取主要排放口进行化学组成特征谱分析，结果如图 5-4-1 所示，丙酮回收装置排放口的组成相对较为单一，RTO 排放口排放的 VOCs 组分较为复杂。综合来看，化纤排放的 VOCs 组分主要是丙酮，含量较多的还有正己烷、正丁烷和乙炔。

4.1.2　涂装行业

涂装行业的 VOCs 排放主要集中在涂装工艺。其中，测试企业 1 属于金属船

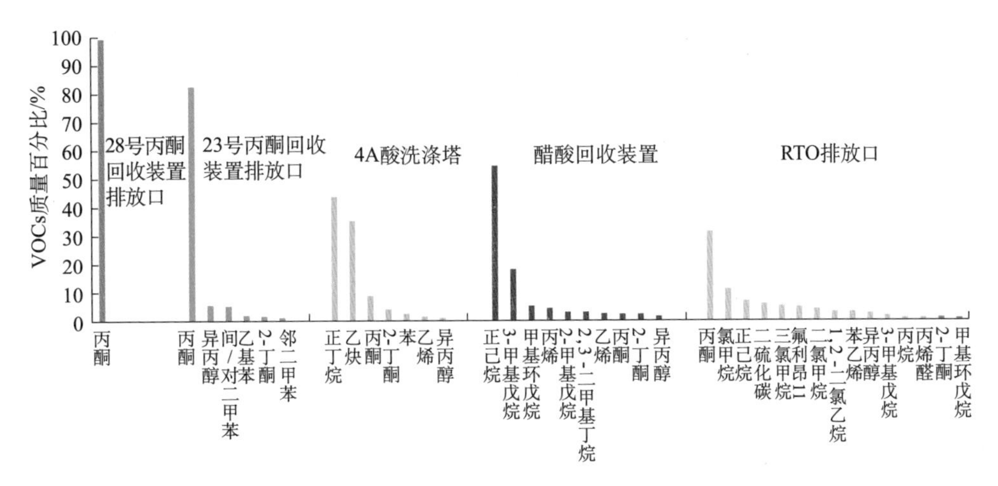

图 5-4-1　测试企业 VOCs 化学组成特征谱（质量百分比＜1%的没有展示）

舶制造行业，合计 VOCs 年排放量约为 279.7 t，其中各主要污染物来自车间涂装和外场补漆，分别约占 41.4%和 51.7%。该企业进行了高 VOCs 含量原辅料替代，分析结果如图 5-4-2 所示，2 号调漆房、1 号 RTO 排放口的主要物种类别均为异丙醇，4 号喷漆车间、c 间喷涂-01 和 c 间喷涂-02 排放的 VOCs 物种均以间/对二甲苯和异丙醇为主。总体来看，该测试涂装行业企业排放的 VOCs 组分主要是异丙醇和间/对二甲苯，此外，含量相对较多的还有乙基苯、邻二甲苯和 2-丁酮。

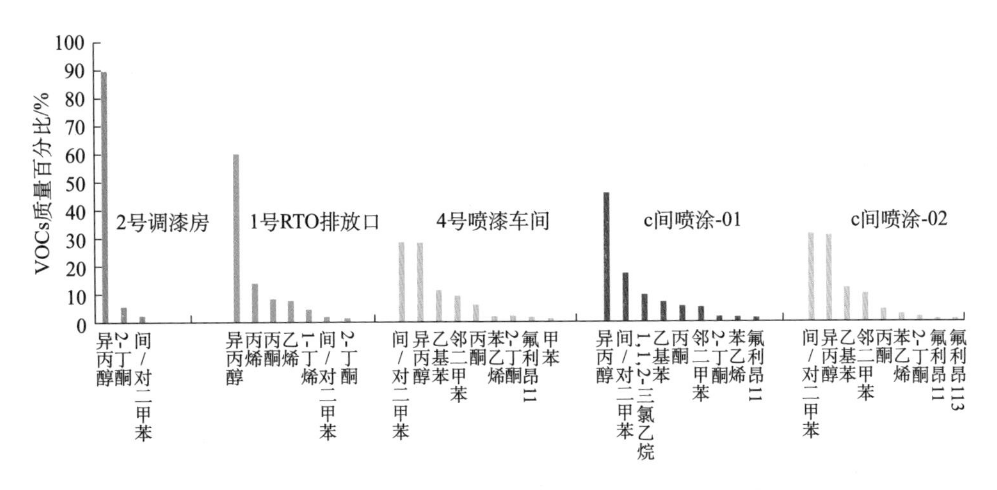

图 5-4-2　测试企业 1 VOCs 化学组成特征谱（质量百分比＜1%的没有展示）

测试企业 2 属于金属压力容器制造行业，合计 VOCs 年排放量约为 271.1 t，主要来自底涂车间（占比约 74.0%）。采样分析结果如图 5-4-3 所示，各排放口 VOCs 物种类型相差不大，总体来看，主要组分为 2-甲基戊烷、2,3-二甲基丁烷、间/对二甲苯和乙酸乙酯。

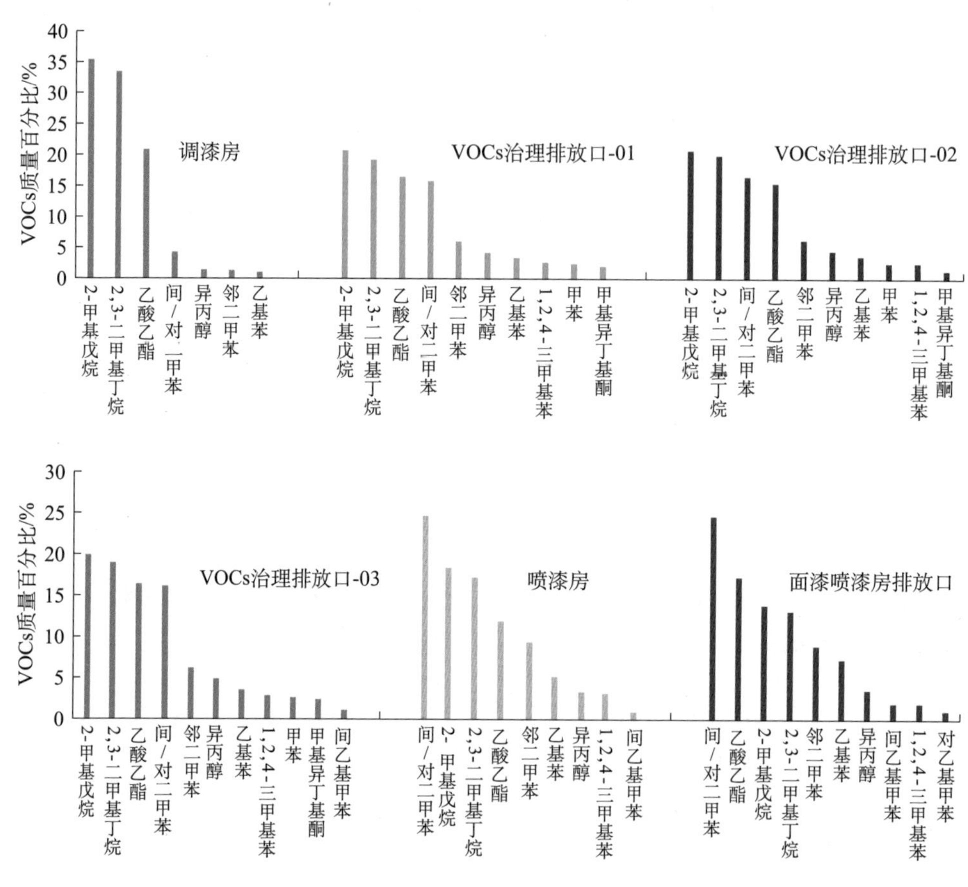

图 5-4-3 测试企业 2 VOCs 化学组成特征谱（质量百分比<1%的没有展示）

4.2 存在的问题

4.2.1 企业共性问题

企业 VOCs 治理环节，从有组织排放、无组织排放到监测监管方面均存在一定的共性问题。在有组织排放方面，废水环节收集处理不到位，未加盖、加盖但密闭不完全的现象较多；末端治理技术效率低，仅不到一半的企业对有组织废气进行了末端治理，其中使用燃烧处理技术的企业仅占14.6%，30%以上的企业采用吸附技术处理VOCs，其他治理技术为相对低效技术，总体来说，治理技术单一、无针对性、效率低；末端治理设施运行维护不到位，尤其是采用活性炭吸附的企业，存在填充量和更换周期远不能满足废气处理需求、预处理不到位导致设施失效等情况。在无组织排放方面，企业废气收集不完全，存在喷漆房无负压且未完全密封、车间缺少废气收集装置、风机风量严重不足等现象。在监测监管方面，企业基本没有完善的VOCs治理设计方案，末端治理设施中的活性炭吸附装置多靠人工填装、难以监管，例行监测频次低；大部分吸附装置无脱附再生装置，全靠人工更换，监管困难；采用燃烧技术的部分企业没有对炉膛温度进行监控，安全性和节能性较差。

4.2.2　行业特性问题

橡胶塑料制品行业存在的特性问题包括生产方式粗放、排放量巨大。劳保手套制造企业浸胶过程中使用大量甲醇、*N*,*N*-二甲基甲酰胺（DMF）等有机溶剂，这些有机溶剂或直接挥发逸散，或进入废水，缺少后续的处理与收集手段，实施末端治理的企业极少。化工行业的动静密封点泄漏检测与修复（LDAR）第三方单位多，实施的规范性难以评估，部分化工园区没有统一的LDAR系统实施监管。喷涂行业的原料替代受经济成本与技术限制，完成率低。家具行业替代技术成熟，但成本是原来的2～3倍，替代率不足30%。少量企业逐渐开展原料替代，但大多仅部分生产线完成替代，依旧大量使用溶剂型涂料。

4.2.3　自备电厂与燃煤小热电厂数量众多且整改困难

自备电厂与燃煤小热电厂主要分布在南通市区（崇川区、老港闸区、开发区）。2019年，自备电厂与燃煤小热电厂的煤炭消耗量占全市的22%，而发电量仅占全市的11%。在自备电厂和燃煤小热电厂已完成超低排放改造的情况下，大气污染物排放贡献仍然不可忽视，SO_2、NO_x、$PM_{2.5}$分别占全市电力排放总量的18%、27%、28%。

4.2.4　船舶污染问题突出

2019年8月中旬，研究人员在长江及京杭运河（江苏段）航道开展了为期1

个多月的空气质量走航观测。长江航道南通段内 NO_2 浓度一般是周边国控站点的 1～2.5 倍，$PM_{2.5}$ 浓度是周边国控站点的 1～1.5 倍。观测表明，南通航段的船舶污染是导致空气质量恶化的主要原因之一，船舶在运行过程中会排放大量的废气，包括 NO_2 和 $PM_{2.5}$ 等污染物。因此，亟须加强对船舶排放标准和燃料标准的监管，推广使用清洁能源，以及提高公众环保意识等，减少船舶排放对空气质量的影响，保护这一重要的水运通道，同时为沿岸居民提供更加清洁和健康的生活环境。

第 5 章　$PM_{2.5}$与臭氧协同控制路径

5.1　协同控制路径设计

以 2018 年为基准年，在考虑新增排放量的基础上，基于产业结构、柴油货车管控和淘汰、VOCs 强化管控、扬尘管控等主要控制措施，设计减排情景。到 2025 年，通过全要素减排情景，大气污染物排放总量持续稳定下降，基本消除重污染天气，在市区 $PM_{2.5}$ 年均浓度稳定达标的同时，力争年均浓度继续下降，全市域范围内 $PM_{2.5}$ 浓度稳定达到 35 μg/m^3，O_3浓度出现下降拐点。

5.1.1　新增排放量预测

根据江苏省战略环境影响评价产业专题对江苏省宏观经济发展趋势预测结果，结合《南通市国民经济和社会发展第十三个五年规划纲要》等规划，我们对南通市新增排放量进行测算。“十四五”期间，南通市经济保持中高速增长。按钢铁产能达到 800 万 t，以及重点工业项目建成后相关配套产业的发展、移动源的增加进行新增排放量测算，南通市新增 SO_2、NO_x、PM、VOCs 排放量将达到 0.68 万 t、1.59 万 t、0.55 万 t、0.73 万 t。根据宏观预测，由于经济、人口增长和城市化水平的提高，考虑未来装备制造、船舶制造、新材料制造等行业的进一步发展，按生产工艺和污染控制先进水平测算 VOCs 重点行业的新增量，结果见表 5-5-1。各类汽车年增长率控制在近 10 年平均水平。

表 5-5-1　2019—2025 年南通市大气污染物新增排放量测算结果　　单位：万 t

行业	2019—2025 年新增量			
	SO_2	NO_x	$PM_{2.5}$	VOCs
工业源	0.60	1.08	0.53	0.50
移动源	0.08	0.51	0.02	0.23
面源	—	—	0.032	0.064
合计	0.68	1.59	0.582	0.794

5.1.2　情景方案设计

若采取达标情景，则 2021 年实现除 O_3 以外的主要大气污染物平均浓度达到《环境空气质量标准》（GB 3095—2012）二级标准要求，市区 $PM_{2.5}$ 年均浓度控制在 35 μg/m³ 以内，空气质量优良天数比例达到 81.8%及以上的目标。该情景根据蓝天保卫战要求，并考虑交通结构优化、监管能力提升等措施进行减排。在该减排情景下，南通市 2021 年 NO_x 和 VOCs 减排比分别可达 10.8%和 11.8%。若在达标情景基础上实施优化达标情景，进一步采取面源深度治理和火电深度减排措施，则 NO_x 和 VOCs 的减排比可进一步提升至 15.1%和 16.0%。

在此基础上考虑新建钢铁项目的新增减排量和减排潜力（表 5-5-2），若按产能为 800 万 t 钢铁计算，到 2025 年，南通市的 NO_x 和 VOCs 减排比分别为 11.6%和 19.5%。若在此基础上，保持减排措施不变，再增加 700 万 t 钢铁项目，NO_x 和 VOCs 减排比例分别减至 0.1%和 19.3%；若在产能为 800 万 t 钢铁的基础上，再增加 1 500 万 t 精品钢项目，则 NO_x 和 VOCs 的减排比例分别减至－13.0%和 19.1%。表 5-5-3 中列出了各污染控制情景的控制方向及对应的主要措施。

表 5-5-2　各情景减排比例核算结果　　单位：%

年份	减排比例	SO_2	NO_x	$PM_{2.5}$	VOCs	NH_3
2021	达标情景	22.9	10.8	12.1	11.8	8.9
	优化达标情景	26.8	15.1	18.1	16.0	8.9
2025	全要素减排+800 万 t 钢铁情景	8.0	11.6	16.6	19.5	12.0
	全要素减排+1 500 万 t 钢铁情景	−7.8	0.1	10.6	19.3	12.0
	全要素减排+2 300 万 t 钢铁情景	−26.0	−13.0	−1.6	19.1	12.0

表 5-5-3　污染控制情景设计

年份	情景名称	控制方向	主要措施
2021	达标情景	1. 蓝天保卫战要求； 2. 交通结构优化； 3. 监管能力提升	1. 火电超低排放改造； 2. 工业炉窑、生物质锅炉、燃煤锅炉治理； 3. 柴油车淘汰 1.5 万辆以上； 4. 强化工业源监管，扩大在线监控与用电量监控； 5. 加强扬尘在线监控、秸秆禁烧监管
	优化达标情景	在达标情景的基础上增加： 1. 面源深度治理； 2. 火电深度减排	在达标情景的基础上增加： 1. 50%的 10 万 kW 以上火电机组 NO_x、SO_2、烟（粉）尘达到 30 μg/m³、25 μg/m³、5 μg/m³； 2. 开展 VOCs 原料替代、深度治理； 3. 安装船舶尾气遥感检测装置，开展船舶尾气含硫量的检测； 4. 餐饮油烟实施减排 30%以上； 5. 实施降尘考核，扬尘、秸秆禁烧监管
2025	全要素减排＋800 万 t 钢铁情景	在优化达标情景的基础上增加： 1. 能源与交通结构优化； 2. VOCs 深度治理； 3. 面源精细化管控	在优化达标情景的基础上增加： 1. 加强热电整合； 2. VOCs 精细化管理，实施活性减排，全面完成“一企一策”； 3. 全面淘汰国三及以下柴油车，大宗货物铁路运输比重提高 15%以上； 4. 餐饮油烟减排 50%； 5. 实施扬尘精细化管控
	增加 1 500 万 t 钢铁情景	在优化达标情景的基础上增加：新增 1 500 万 t 钢铁情景	在优化达标情景的基础上增加：新增 1 500 万 t 南钢精品钢项目

5.2 空气质量目标可达性分析

根据污染减排措施效果分析，测算现有源、新增源的各项污染物排放变化情况。将测算结果制作为污染物未来年份预测排放清单，使用 WRF—CMAQ 模式进行模拟以验证管控效果的可达性。

达标情景可有效降低各污染物峰值浓度，其中SO_2削减比例最高，秋季减排效果最好，NO_x削减比例相对较小，$PM_{2.5}$与PM_{10}减排比例分别可达到 11.2%和 12.9%。根据模拟结果，优良天数比例提升幅度为 1.5～3.6 个百分点，折算全年优良天数比例平均能提高 2.0 个百分点，空气质量优良率可达 81.7%，实现目标有一定风险。在优化达标情景下，由于增加火电等减排措施以及更全面的 VOCs 减排措施，SO_2、NO_x 和 O_3 的削减比例进一步提高。根据模拟结果，优良天数比例提升幅度为 2.1～4.6 个百分点，折算全年优良天数比例平均能提高 2.6 个百分点，空气质量优良率可达 82.3%，可实现 81.8%的目标。

针对中天南通项目落地正式投产对中长期空气质量改善可达性进行模拟分析（表 5-5-4），2025 年，实施全要素减排措施后，钢铁产能达到 800 万 t，典型月份（1 月、4 月、7 月、10 月）$PM_{2.5}$月均浓度削减比例为 10.0%～16.0%，$PM_{2.5}$年均浓度约达到 33.3 μg/m³；钢铁产能达到 1 500 万 t，典型月份（1 月、4 月、7 月、10 月）$PM_{2.5}$月均浓度削减比例为 7.3%～14.0%，$PM_{2.5}$年均浓度约达到 34.5 μg/m³；钢铁产能达到 2 300 万 t，典型月份（1 月、4 月、7 月、10 月）$PM_{2.5}$月均浓度削减比例为 5.0%～12.0%，年均浓度将超标。另外，由于 NO_x 排放量的大幅增加，当钢铁产能达到 1 500 万 t 或以上，O_3浓度在不利气象条件下超标风险较大。

表 5-5-4 不同减排情景下空气质量模拟结果 单位：%

减排情景	污染物	1 月	4 月	7 月	10 月
达标情景	SO_2	19.0	18.4	17.1	25.3
	NO_2	4.5	5.3	6.1	7.2
	O_3	4.5	5.3	6.1	7.2
	$PM_{2.5}$	9.6	12.3	12.1	11.0
	PM_{10}	7.0	8.9	6.8	6.5

续表

减排情景	污染物	1 月	4 月	7 月	10 月
优化达标情景	SO_2	25.2	21.8	20.5	30.5
	NO_2	8.3	6.6	7.4	8.3
优化达标情景	O_3	8.4	9.1	8.4	8.3
	$PM_{2.5}$	12.2	13.6	12.8	15.8
	PM_{10}	11.8	11.5	8.3	12.3
全要素减排+800 万 t 钢铁	SO_2	28.8	24.6	21.6	28.7
	NO_x	18.7	13.1	16.2	14.6
	O_3-1 h	3.2	10.2	8.3	6.5
	$PM_{2.5}$	16.0	15.0	10.0	16.0
	PM_{10}	14.5	14.1	11.0	9.9
全要素减排+1 500 万 t 钢铁	SO_2	20.0	21.0	11.0	19.0
	NO_x	13.8	9.2	13.0	11.4
	O_3-1 h	1.0	6.0	4.0	5.0
	$PM_{2.5}$	14.0	11.9	7.3	13.7
	PM_{10}	13.0	15.0	13.0	11.0
全要素减排+2 300 万 t 钢铁	SO_2	12.5	17.5	8.1	10.0
	NO_x	8.8	7.0	11.0	7.9
	O_3-1 h	−0.8	3.5	2.8	3.8
	$PM_{2.5}$	12.0	12.0	5.0	10.0
	PM_{10}	11.7	13.8	11.9	9.6

第6章 治理成效

6.1 典型行业先进VOCs治理技术案例

基于$PM_{2.5}$与臭氧协同减排控制路径，南通市针对喷涂等VOCs行业重点企业，从清洁涂料替代、末端治理设施升级等方面进行深度治理，取得了显著的减排成效。

6.1.1 源头替代

1. 家具制造

家具制造行业利用低VOCs含量的水性底漆和面漆替代传统的油性涂料作为家具涂装的原材料。部分企业替代工程无须对现有的涂装设备进行改造，只需在油漆晾干房增加一台除湿加温一体机就可满足生产要求。

以某家具制造企业为例，改造前，该企业油性涂料使用比例高，VOCs排放量大。该企业于2019年6月起尝试使用水性漆生产家具，逐步替代面漆、底漆，最终完成水底水面纯水性涂装。涂料替代后，该企业VOCs排放量大幅削减，底擦色漆、单组分底漆、修色光油和面漆由油性涂料替代为水性涂料后，VOCs年产生量可减少28.64 t，减排比例为82.3%。水性漆VOCs含量低、漆渣更易分离，可为企业结余废气、废水处理费用。在人体健康方面，涂料替代项目可减少油性涂料中甲醛、苯系物等有毒有害物质的释放，不仅可降低施工人员的健康、安全、环境（HSE）风险，还能做到即装即住，大幅缩短客户装修入住时间，对客户的健康也有积极作用。

2. 钢结构涂装

针对钢结构涂装行业企业生产过程中产生 VOCs 造成的大气污染问题，南通市开展钢结构“油改水”技术，即利用环保水性涂料代替传统的油性涂料作为钢结构涂装的原材料。

南通市一钢结构企业，产品以轨道吊等场桥产品为主，属于海洋重防腐领域，油性涂料使用比例高，VOCs 排放量大，不仅对周边空气质量影响较大，而且企业隐患风险大，管理难度也大。该企业通过采用单道超低 VOCs 环氧涂料替代原工艺两道油性漆，对一项轨道吊项目进行涂料替代，替换涂料具有优异的防腐性能及优异的抗冲击、耐磨及附着力特性，适用于标准无气喷涂及手工滚/刷涂，施工时无须添加稀释剂，易于施工，还可用于潮湿环境和相对简单的表面处理。该涂料可用作底面合一的厚浆涂料，还可用于重防腐领域。

替代项目实施后，企业的该轨道吊项目涂装工序可减少 237.4 kg 的 VOCs 排放量，减排比例高达 84.9%。且结合企业涂装的 VOCs 过程控制，可进一步降低 VOCs 减排量。同时，该企业涂装过程可实现一次喷涂，产品待干时间缩短，节省了涂装时间，提高了涂装效率。

6.1.2　末端治理技术升级

目前，我国加大了对船舶使用低 VOCs 涂料的研发力度、加快了推进投入实际应用的进程。其中，可剥离涂料和水性涂料已经进入部分市场。可剥离涂料主要是对涂层表面起到临时保护作用，从而减少装配和运输过程中的机械碰伤、提高涂层质量，并在过程中做好保护，减少涂层修补，同时从整体上降低油漆消耗，进而减少喷涂环节 VOCs 的排放。水性涂料主要用于船舶机舱和船员起居舱。由于防腐要求高，水性涂料在性能、施工方面仍存在一定的局限性，船舶涂装行业部分涂料尚无法实现低 VOCs 化，但可通过绿色涂装技术改造，提高末端治理技术的处理效率，进一步提高 VOCs 的净化效率、降低运行和维护费用，实现涂装、造船行业 VOCs 的有效治理。

南通一船舶制造企业针对涂装行业中 VOCs 浓度波动性大、无法直接燃烧、排放不能稳定达标的情况，采用颗粒沸石转轮代替传统的蜂窝沸石转轮，设计建造了吸附+催化燃烧装置。该末端治理技术升级工程可处理废气的主要污染物如间/对二甲苯（40%）、乙苯（23%）、邻二甲苯（15%）和甲苯（6%）。针对废气特征，该企业项目采用三级预过滤+颗粒沸石转轮浓缩+催化式燃烧工艺，采用连续吸附、间隙脱附的运行方式。即先吸附两天，第三天集中脱附，可有效地降低能耗，脱附温度为 180～210℃。项目建成投运后，末端废气治理效率达到 95.5%及以上，为该企业削减 VOCs 约 20.4 t/a。同时大幅降低了末端治理系统的运行成本，仅为传统的蜂窝转轮能耗（21 910 kW）的 13.5%，对实现碳达峰有着积极的推动作用。

6.2 空气质量改善成效

南通市近年来在空气质量改善方面取得了显著成效，通过持续推进 $PM_{2.5}$ 与 O_3 浓度的“双控双减”策略，实施精准治污、科学治污、依法治污和实干治污，深入打好蓝天保卫战。2023 年，南通市生态环境局发布的最新数据显示，$PM_{2.5}$ 浓度和优良天数比例两项指标均在江苏省名列前茅。此外，南通市还通过开展生态环境执法夏季实训活动，使空气质量较去年同期有了明显改善，$PM_{2.5}$ 浓度同比下降，优良天数比例同比增加。

此外，南通市在大气污染防治攻坚战中，通过组建专家团队、实施预警预测、应急管控等措施，最大限度地推进了污染的“削峰降值”。这些努力不仅提升了群众的蓝天幸福感，也使南通市的环境空气质量连续 4 年保持江苏省最优，崇川区、通州区分别获得“绿水青山就是金山银山”实践创新基地、国家生态文明建设示范区称号。

南通市在空气质量提升方面取得了显著进展，通过一系列创新和综合治理措施，不仅优化了空气质量，还成功打造了绿色生态的典范，同时为其他城市在大气污染防治方面提供了可借鉴的模式。

参考文献

[1] Meng Z，Dabdub D，Seinfeld J H. Chemical coupling between atmospheric ozone and particulate matter [J]. Science，1997，277 (5322)：116-119.

[2] 谢绍东，田晓雪．挥发性和半挥发性有机物向二次有机气溶胶转化的机制 [J]. 化学进展，2010，22 (4)：727-733.

[3] Turpin B J，Saxena P，Rews E. Measuring and simulating particulate organics in the atmosphere：Problems and prospects [J]. Atmospheric Environment，2000，34 (18)：2983-3013.

[4] Atkinson R. Atmospheric chemistry of VOCs and NO_x [J]. Atmospheric Environment，2000，34 (12/13/14)：2063-2101.

[5] Dai H，An J，Huang C，et al. Roadmap of coordinated control of $PM_{2.5}$ and ozone in Yangtze River Delta [J]. China Science Bulletin，2022，67：2100-2112.

[6] Ding D，Xing J，Wang S，et al. Optimization of a NO_x and VOCs cooperative control strategy based on clean air benefits [J]. Environmental Science & Technology，2022，56：739-749.

[7] Wang L，Zhao B，Zhang Y，et al. Correlation between surface $PM_{2.5}$ and O_3 in eastern China during 2015－2019：Spatiotemporal variations and meteorological impacts [J]. Atmospheric Environment，2023，294：119520.

[8] Xing J，Wang J，Mathur R，et al. Impacts of aerosol direct effects on tropospheric ozone through changes in atmospheric dynamics and photolysis rates [J]. Atmospheric Chemistry and Physics，2017，17：9869-9883.

[9] Wen L，Chen J，Yang L，et al. Enhanced formation of fine particulate nitrate at a rural site on the North China Plain in summer：The important roles of ammonia and ozone [J]. Atmospheric Environment，2015，101：294-302.

[10] Chan K L, Wang S, Liu C, et al. On the summertime air quality and related photochemical processes in the megacity Shanghai, China [J]. Science of The Total Environment, 2017, 580: 974-983.

[11] Lu K D, Guo S, Tan Z F, et al. Exploring atmospheric free-radical chemistry in China: The self-cleansing capacity and the formation of secondary air pollution [J]. National Science Review, 2019, 6 (3): 579-594.

[12] Akimoto H, Nagashima T, Li J, et al. Comparison of surface ozone simulation among selected regional models in MICS-Asia III-effects of chemistry and vertical transport for the causes of difference [J]. Atmospheric Chemistry and Physics, 2019, 19 (1): 603-615.

[13] 牛英博，黄晓锋，王海潮，等．珠江三角洲大气夜间非均相化学反应对二次气溶胶和臭氧的影响 [J]. 科学通报，2022，67 (18)：2060-2068.

[14] Thornton J A, Kercher J P, Riedel T P, et al. A large atomic chlorine source inferred from mid-continental reactive nitrogen chemistry [J]. Nature, 2010, 464: 271-274.

[15] Tham Y J, Wang Z, Li Q, et al. Significant concentrations of nitryl chloride sustained in the morning: Investigations of the causes and impacts on ozone production in a polluted region of northern China [J]. Atmospheric Chemistry and Physics, 2016, 16: 14959-14977.

[16] Zhou X, Civerolo K, Dai H, et al. Summertime nitrous acid chemistry in the atmospheric boundary layer at a rural site in New York State [J]. Journal of Geophysical Research: Atmospheres, 2002, 107 (D21): ACH-1-ACH 13-11.

[17] Zhang J W, Lian C F, Wang W G, et al. Amplified role of potential HONO sources in O_3 formation in North China Plain during autumn haze aggravating processes [J]. Atmospheric Chemistry and Physics, 2022, 22: 3275-3302.

[18] Yang H H, Lee K T, Hsieh Y S, et al. Filterable and condensable fine particulate emissions from stationary sources [J]. Aerosol & Air Quality Research. 2014, 14 (1): 59-66.

[19] Meng Z Y, Lin W L, Jiang X M, et al. Characteristics of atmospheric ammonia over Beijing, China [J]. Atmospheric Chemistry and Physics, 2011, 11 (1): 6139-6151.

[20] Wang H, An J, Cheng M, et al. One year online measurements of water-soluble ions at the industrially polluted town of Nanjing, China: Sources, seasonal and diurnal variations [J]. Chemosphere, 2016 (148): 526-536.

[21] Wang S, Nan J, Shi C, et al. Atmospheric ammonia and its impacts on regional air quality over the megacity of Shanghai, China [J]. Scientific Reports, 2015, 5: 15-42.

[22] Xu Z, Liu M, Zhang M, et al. High efficiency of livestock ammonia emission controls in alleviating particulate nitrate during a severe winter haze episode in Northern China [J]. Atmospheric Chemistry and Physics, 2019, 19 (8): 5605-5613.